Introdução ao Universo: O Pequeno Livro de Astronomia

Compreender o big bang, formação, idade, tamanho e segredos do universo - Conhecer as estrelas e planetas do nosso sistema solar

Editora: Expertengruppe Verlag

AF807677

Introdução ao Universo: O Pequeno Livro de Astronomia

Compreender o big bang, formação, idade, tamanho e segredos do universo - Conhecer as estrelas e planetas do nosso sistema solar

Editora: Expertengruppe Verlag

ÍNDICE

SOBRE O AUTOR

Desde a sua infância, Aaron Schmidt tem sido fascinado pelos mistérios e pelas incríveis dimensões do universo. A interacção do espaço e do tempo e as infinitas possibilidades na vastidão do espaço têm-no acompanhado ao longo da sua vida.

Imediatamente após deixar a escola em 1967, começou a estudar astrofísica e desde então dedica-se inteiramente à exploração do universo, não só nos seus tempos livres mas também profissionalmente. Como professor, não só transmite estes conhecimentos aos seus alunos e estudantes, mas também se dirige à grande massa de pessoas na Alemanha, no âmbito de várias publicações.

Nos seus livros, está particularmente interessado em temas que dizem respeito aos fundamentos da astrofísica, mas que no entanto são familiares a apenas alguns. Além disso, concentra-se em tópicos que também são interessantes para leigos e onde, para além da investigação científica geral, muito do seu próprio coração e alma pode ser trazido em jogo. Cada uma das suas publicações baseia-se portanto não só nos fundamentos científicos indispensáveis, mas também em experiências e conhecimentos muito pessoais. Isto resulta não só em tratados puramente factuais, mas também em trabalhos práticos com amplos conhecimentos e dicas úteis que podem ser facilmente compreendidos e compreendidos.

Aaron Schmidt cria assim livros de fácil leitura que dão ao leitor, numa atmosfera relaxada e agradável, uma visão sobre áreas temáticas pelas quais quase todos ficam fascinados, mas a maioria sabe pouco sobre elas.

Desta forma, quer acima de tudo despertar a curiosidade do mundo à nossa volta e motivar o leitor a olhar para além do seu próprio nariz e descobrir as maravilhas da natureza para além do nosso planeta. Desta forma, ele tenta transmitir a sua própria paixão a muitas outras pessoas, a fim de pensar mais sobre as grandes questões da humanidade e descobrir quanto mais poderá haver no universo para além de nós, pequenos seres humanos.

Prefácio

"Espaço". Expansos infinitos..." são as primeiras palavras da sequência de abertura de uma série de ficção científica popular na televisão. Para criar a tensão necessária nos espectadores, a frase está correcta. No entanto, não é correcta. Pois a redacção sugere que os viajantes espaciais poderiam viajar cada vez mais longe com a sua nave. No processo, deparam-se com novos sistemas solares, planetas, fenómenos inexplicáveis e, claro, inúmeras oportunidades para aventuras emocionantes. Parece algo como uma passadeira que se está sempre a renovar. E, portanto, uma viagem que não tem fim nem limite. Mas a verdade é um pouco diferente. Pois o universo tem um limite, pelo menos essa é a teoria geralmente aceite na ciência. E este fim do universo continua a mudar. Desencadeado pelo Big Bang, o universo está em permanente expansão. Assim, os seus limites têm-se deslocado desde a sua criação.

Mas: Nos nossos termos - visto da nossa pequena terra - o universo parece, pelo menos, infinito. Milhões de planetas, estrelas e galáxias estão apenas à espera de serem explorados por nós. Graças à tecnologia actual, é pelo menos possível dar um primeiro olhar sobre estas vastidões. Mas as escalas são tão gigantescas que mesmo uma visita a uma galáxia vizinha é difícil de realizar. Não só a vastidão do espaço é excitante e diversa. Também na nossa vizinhança - os planetas do nosso sistema solar - os puzzles estão à espera de serem resolvidos. E ainda mais: até o nosso próprio planeta é ainda desconhecido para nós de muitas maneiras. Comecemos então uma viagem desde a nossa porta da frente até ao limite do universo.

Uma coisa em avanço: chegar ao âmago da complexidade do universo, que é em grande parte desconhecida para nós, é um trabalho de vida e muito se baseia em teorias. No entanto, elas são excitantes e valem bem a pena serem vistas.

- Capítulo 1 -

O UNIVERSO: VASTIDÃO INFINITA?

O universo - o que é realmente? Esta questão tem ocupado a humanidade desde os primórdios dos tempos. Os estudiosos das respectivas épocas sempre olharam para o céu estrelado com curiosidade e humildade e perguntaram-se o que é que realmente existe lá em cima. Isto não mudou até aos dias de hoje. A exploração do universo é excitante e misteriosa - e em igual medida maravilhosamente ordenada e compreensível. Apenas a escala está muitas vezes para além dos limites da nossa imaginação. A fim de tornar o universo e as condições físicas lá compreensíveis mesmo para não cientistas, as pesquisas em várias publicações têm tentado tornar as complexas inter-relações mais vívidas para nós. Albert Einstein foi um destes pioneiros e Stephen Hawking seguiu-o. Hoje, Michio Kaku é um representante proeminente da disciplina de física teórica. Se seguirmos as explicações das referidas "estrelas" da física, cosmologia e matemática, o universo é tão facilmente explicado como os planos de construção do motor de um carro. Para aqueles que não lidam diariamente com conceitos tais como espaço, tempo, matéria e afins, a ideia é bizarra, complexa e experimental. O auge do elusivo é representado pelo "nada", um conceito que muitas vezes nos acompanhará.

Claro que, como habitantes do planeta Terra, temos as nossas definições "locais" destes termos. Medimos o tempo em segundos, minutos, dias, anos e assim por diante. A matéria parece-nos algo "físico", ou seja, algo que podemos ver, tocar e imaginar. Um espaço é geralmente entendido como um lugar que pode ser confinado - o facto de um espaço não ter fim, sem limite, parece-nos estranho. Até nos parece óbvio que tudo tem um fim. Esta é também a razão das histórias dos marinheiros de tempos passados, que tinham uma imagem bastante clara do "fim do mundo". A dada altura, o mundo também acabará, acreditavam eles, e o viajante que vai em busca desta fronteira está mesmo ameaçado. Afinal, um visitante a esta fronteira corre o risco de simplesmente cair da terra plana que se supunha na altura. De acordo com esta ideia, há algo de ameaçador na procura desta região fronteiriça - uma viagem a esta região foi considerada uma ameaça para a vida.

Hoje sabemos que o nosso planeta Terra não tem esse limite presumido - esta presunção, felizmente, está desactualizada há séculos. Isto significa que o nosso planeta é ilimitado - mas não infinito. A razão para este infinito reside na sua forma geométrica. Pois a nossa Terra é uma esfera no sentido mais lato, embora esta afirmação só seja verdadeira até certo ponto. Mais precisamente, trata-se de uma elipsóide, uma espécie de esfera comprimida. Esta forma deve-se à rotação da Terra à volta do Sol. Em geral, o planeta Terra pode assim ser considerado ligeiramente achatado. No entanto, a forma exacta só tem uma importância secundária neste caso quando se trata dos termos "infinito" e "ilimitado". O que é importante é que a Terra é uma esfera e, portanto, não tem fim no sentido próprio.

Se hoje marchássemos em qualquer direcção, independentemente dos obstáculos físicos práticos e das circunstâncias, acabaríamos, num sentido teórico, por sair de novo no nosso ponto de partida. Naturalmente, a este pensamento temos em mente os imponderáveis do nosso planeta, tais como oceanos e montanhas, completamente inevitáveis. No entanto, num sentido geométrico e matemático, esta ideia de pura possibilidade é importante.

É exactamente assim que temos de imaginar o universo. Porque o universo, tal como a terra, não é de forma alguma um disco plano. A forma absolutamente exacta do universo continua a ser objecto de várias especulações por parte dos cosmólogos. De acordo com a teoria do big bang, a física de uma explosão é automaticamente assumida. Isto significa que o universo se expande a partir de um ponto central numa forma linear esférica de dentro para fora. No entanto, considera-se muito provável que o universo também tenha uma forma elipsoidal como a Terra. Os dados correspondentes foram suportados pelas medições da sonda Wilkinson Microwave Anisotropy Probe (WMAP), uma sonda espacial da NASA que esteve em funcionamento de 2001 a 2010 e que permitiu avanços decisivos para a cosmologia. Para a nossa imaginação, contudo, é menos importante se o universo resulta ou não numa esfera perfeita. Apenas a suposição de que é redonda (e não um rectângulo, trapézio, etc.) é importante para as nossas ideias de finitude e infinito, limite e sem limites.

Análogo à Terra, o universo teria de ser ilimitado na conclusão. Em termos simples, seria possível para um viajante espacial começar num ponto do universo e, com uma aderência consistente, sair exactamente nesse ponto. Uma ideia interessante, não é? E, no entanto, pura teoria. O que já é considerado um empreendimento difícil na Terra, torna-se uma impossibilidade no universo. Porque o universo está em expansão - e assim tem sido há 13,8 mil milhões de anos. Isto porque a ciência coloca o Big Bang neste ponto do tempo e, portanto, o início do tempo, do espaço, da matéria, da energia e, dito de uma forma simples, de tudo o que podemos imaginar. E também as coisas que ainda não podemos imaginar.

O UNIVERSO E O UNIVERSO OBSERVÁVEL

O universo é a totalidade de todas as coisas e só dentro dos limites do universo está "algo", nomeadamente o espaço, o tempo e a matéria. Embora tenhamos sido capazes de obter uma visão de como a forma do universo se apresenta ao mundo exterior, estamos agora a observar o conteúdo. A palavra "observar" não é escolhida arbitrariamente. Podemos observar uma parte do Universo a partir da Terra. É surpreendentemente grande. Ao longo dos séculos, o progresso técnico tem aumentado constantemente as possibilidades de observar o universo. Tomemos a lua como exemplo. Podemos ver o satélite da Terra a olho nu e isto não requer quaisquer ajudas ou ferramentas. Assim, o olho permite-nos um pequeno vislumbre do universo, mesmo que seja muito limitado. Mas afinal, a lua e o espaço entre a lua e a terra são também observáveis e, portanto, visíveis para nós. Contudo, o facto de podermos ver a nossa lua numa noite clara não se deve ao próprio corpo celestial. Pois para que as coisas sejam observáveis, é necessária luz. Neste contexto, contudo, a luz não descreve "claridade" ou algo semelhante. A ciência utiliza o termo luz para descrever uma onda electromagnética. Esta onda opticamente perceptível consiste em fótons, também chamados partículas de luz. Assim, para ver um objecto no céu, este objecto deve emitir luz ou ser iluminado. A própria lua não emite luz - o nosso sol faz isso por ela. Assim, a lua só é visível para nós porque reflecte luz.

Alguns objectos do nosso sistema solar também se tornam observáveis para nós desta forma, por exemplo, os planetas da vizinhança, como Vénus e Marte. O "planeta vermelho" Marte em particular foi descrito em tempos antigos e as primeiras descrições das calotas polares e mapas de Marte do planeta foram feitas já no século XVII. Assim, uma descrição relativamente precisa do planeta já era possível em tempos anteriores, pelo que o "parente" deve ser tomado muito literalmente.

Uma vez que Marte, tal como a própria Lua, também não emite qualquer luz, uma circunstância especial deve ser tida em conta que é muito importante para as nossas considerações sobre a totalidade do universo observável: a luz precisa de tempo para viajar de um lugar para outro. Esta é a velocidade da luz. Em suma, descreve a velocidade a que a luz viaja. Vamos analisar mais de perto o facto de a definição estar ligada a regras estritas noutro capítulo. Esta velocidade é medida em anos-luz. No entanto, isto não deve ser entendido como uma unidade de tempo e, portanto, não é o que equipararíamos ao termo "ano". Pelo contrário, é uma medida de comprimento. A luz é capaz de viajar em cerca de 300.000 quilómetros por segundo. Isto foi estabelecido de modo uniforme. A determinação mais recente teve lugar em 1983, na Conferência Geral de Pesos e Medidas. Mais precisamente, a distância percorrida pela luz é de 299.792,458 quilómetros por segundo. Para simplificar o cálculo, contudo, arredondamos para cima. Mesmo os pioneiros da astronomia chegaram surpreendentemente perto deste valor nos seus cálculos. Em 1728, o astrónomo britânico James Bradley calculou uma velocidade de 301.000 km/s.

Esta unidade, a segunda luz, é a medida correcta quando se fala da observabilidade da lua. Como sabemos agora, a luz precisa de tempo para viajar do lugar A para o B. Uma vez que a luz é o que torna a observabilidade possível em primeiro lugar, vemos apenas uma imagem da lua que não representa o tempo real. Vemos uma imagem da lua como era há algum tempo atrás, e não como é agora. Devido à distância relativamente curta ao nosso satélite por padrões cosmológicos, estamos a lidar com um atraso de tempo muito pequeno. A Lua está a 384.000 quilómetros da Terra - e portanto também do posto da nossa observação. Uma vez que a luz percorre 300.000 quilómetros por segundo, podemos calcular a distância. A luz leva assim 1,28 segundos-luz da Lua até ao nosso olho. Como mencionado, isto não é uma unidade de tempo, mas sim uma medida de comprimento. Assim, se tivéssemos uma nave espacial que viajasse a esta velocidade da luz sem qualquer resistência e em desrespeito de quaisquer leis físicas, a viagem da lua à terra estaria concluída em 1,28 segundos-luz.

Isto significa que percebemos a luz com um atraso. Como no nosso exemplo a lua está muito próxima da terra, este atraso é apenas marginal e dificilmente perceptível. Também porque a lua está permanentemente iluminada e também permanentemente reflectida. Não há, portanto, um "pulso". Para tornar esta propriedade visível, foram já instalados retrorreflectores na superfície da lua durante a missão Apollo 11, em 1969. Se um pulso laser é "disparado" contra estes reflectores a partir da estação terrestre, é reflectido e atinge novamente os instrumentos de medição na Terra após 2,6 segundos. A este tempo que a luz leva para percorrer uma distância chama-se o tempo de viagem da luz. Para comparação: o tempo de viagem da luz entre o Sol e a Terra é de aproximadamente oito minutos e 20 segundos. Isto porque a nossa estrela está em média a 149,6 milhões de quilómetros de distância da Terra. A referência a "em média" é importante porque a distância flutua ao longo do ano. A Terra não se encontra numa órbita perfeitamente redonda em torno do Sol. É elíptica e aproxima-se e afasta-se. Estas variações na distância são facilmente mensuráveis e ascendem a cerca de cinco milhões de quilómetros. A variabilidade é também a base para o preconceito popular de que a respectiva distância do Sol é responsável pelas estações do ano. No entanto, não é este o caso. A inclinação do eixo da Terra é responsável. Quando é Verão nas nossas latitudes, o sol está ainda um pouco mais longe do que a média.

E isso significa - para o dizer de forma muito sucinta - que a luz do sol que nos chega é um pouco mais velha no Verão.

A fim de explicar um pouco mais claramente o tempo de viagem da luz, utilizaremos outra forma de atraso num exemplo com o qual todos estão certamente familiarizados: o som. Aquilo a que chamamos ruído em linguagem coloquial também tem uma "velocidade de viagem". No entanto, é muitas vezes mais lento do que a luz. Em condições normais, o som é capaz de viajar 343 metros por segundo (ou seja, 1.236 quilómetros por hora). Neste exemplo, condições "normais" descrevem a viagem da onda sonora no ar médio a uma temperatura de 20 graus Celsius. Isto é importante porque o som se propaga mais rapidamente ou mais lentamente, dependendo do ambiente. Isto é comprovado por experiências: Em hélio puro, o som propaga-se cerca de três vezes mais rapidamente do que na mistura gasosa a que chamamos ar. A temperatura também é importante e faz uma pequena mas subtil diferença. A 20 graus Celsius, a velocidade do som é de 1,236 km/h; a menos 20 graus Celsius, é de apenas 1,149 km/h. Para a nossa vida quotidiana, isto desempenha apenas um papel menor, mas mostra que o som se correlaciona com o seu ambiente. A luz também está dependente do seu ambiente. Na água, por exemplo, a velocidade da luz é reduzida em 25 por cento (225.000 km/s). Este é, evidentemente, um valor que quase não notamos quando olhamos apenas para ele. A velocidade do som, por outro lado, podemos perceber bastante bem. Um exemplo popular para descrever isto vividamente vem do atletismo. O início de uma corrida de 1000 metros é desencadeado por um oficial, o iniciador, disparando uma pistola. Os corredores que se encontram nas imediações da partida percebem este sinal acústico directamente, por assim dizer, e começam a correr. Se um espectador da cena estiver na linha de chegada, ou seja, a uma distância de um quilómetro, esta pessoa irá experimentar que os corredores já começaram a correr sem ter ouvido o tiro em si. O telespectador também vê o disparador a disparar a sua arma - mas o telespectador tem de esperar cerca de três segundos pelo som. Isto porque o som tem de percorrer primeiro os 1.000 metros e, como mencionado, isto acontece a uma velocidade de 343 m/s. O telespectador tem de esperar pelo som. O facto de o espectador ver o processo de partida física real dos corredores é novamente graças à luz, que é muitas vezes mais rápida.

Estas diferentes velocidades tornam-se particularmente claras no caso de uma trovoada. Também aqui, ambas as formas de ondas estão presentes. O relâmpago produz luz e o trovão produz som. É por isso que é possível - assumindo o conhecimento da velocidade do som - determinar a distância de uma trovoada de uma forma simples usando uma regra de ouro. Basta contar os segundos que o trovão leva para que o trovão siga o raio. Se estes segundos decorridos forem multiplicados por 343, é possível uma conclusão relativamente precisa sobre a distância da trovoada. Se o trovão atingir os nossos ouvidos três segundos após o relâmpago, podemos assumir que a origem desta trovoada (e do relâmpago também) está a cerca de 1,029 metros de distância - assumindo condições ambientais perfeitas, é claro. Estes três segundos descrevem um intervalo de tempo que é muito perceptível para o nosso órgão dos sentidos - neste caso o ouvido. Existe um claro intervalo de tempo entre a incidência da luz do flash e a percepção do som do estrondo.

Se olharmos agora novamente para a nossa lua, o atraso devido ao tempo de viagem leve é insignificante, como já foi mencionado. E o satélite da Terra não é a única parte do universo observável que podemos reconhecer com o nosso "dispositivo" mais simples para ver o céu - o olho. Numa noite clara, dependendo da presença de outras fontes de luz artificial nas imediações ("poluição luminosa"), uma multidão de outros objectos cósmicos pode ser feita. Como mencionado, estes podem ser os planetas do nosso sistema solar, mas também estrelas e galáxias distantes. Quanto mais distante este objecto está do nosso ponto de observação, mais antiga é a luz que vemos. Isto é novamente devido ao tempo de viagem da luz, que se torna incomparavelmente mais elevado do que no caso da lua e do sol devido à maior distância ao objecto observado.

Uma das estrelas mais famosas que podemos ver bem a olho nu é Sirius. No entanto, o sistema de dupla estrela não é de facto o corpo celeste mais brilhante que podemos observar. Um brilho mais alto e chamado "brilho aparente" é naturalmente possuído pelo sol e pela lua, bem como por alguns planetas do nosso sistema solar. No ranking de brilhos, a lua é seguida por Vénus, Júpiter, Marte e Mercúrio. Esta lista sugere que uma luminosidade aparente está correlacionada com a proximidade factual do objecto observado. Isto é verdade até certo ponto, mas Sirius brilha mais do que Saturno, que se situa a uma distância comparativamente mais curta.

Isto baseia-se no facto de o próprio Sirius brilhar como uma estrela. No entanto, isto também não é totalmente correcto: porque, neste caso, existem efectivamente duas estrelas. Sirius é um sistema de duas estrelas. Isto significa que duas estrelas orbitam uma à outra, neste caso Sirius A e Sirius B. Quando falamos de observabilidade, normalmente referimo-nos à estrela principal Sirius A, que é 2,1 vezes o tamanho do nosso Sol. O seu companheiro, Sírio B, é bastante ténue, aproximadamente do tamanho do planeta Terra e orbita à volta da estrela principal. Observar Sírio B é particularmente difícil, não só devido à sua baixa produção de luz. A estrela é simplesmente ofuscada pelo seu companheiro. Para tentar fazer uma comparação terrestre, seria como posicionar uma vela mesmo ao lado de um projector.

Devido à posição subordinada de Sirius B, falamos por isso normalmente da estrela A quando usamos o termo Sirius. A estrela é, portanto, claramente visível a olho nu e é a estrela mais brilhante do céu nocturno. Agora, a questão não é que a possamos ver bem, mas sim o que vemos. Sirius está muitas vezes mais longe do que a lua, o sol e os outros planetas próximos da terra, não há dúvida sobre isso. Para ser mais preciso, a distância é de 81,7 triliões de quilómetros. Esta distância significa que a luz emitida por Sirius leva muitas vezes mais tempo a chegar aos nossos olhos. Esta distância foi quantificada em 8,6 anos-luz e descreve na mesma medida a "idade" da luz que vemos quando olhamos para a estrela. Isto porque demora 8,6 anos a chegar ao nosso olho desde "geração". Isto significa que vemos a imagem óptica de Sirius de 8,6 anos atrás. Hipoteticamente falando: Se a localização da observação fosse exactamente invertida e alguém estivesse a observar a Terra a partir de Sírio, veria uma imagem óptica da Terra de há 8,6 anos atrás. Esta experiência mental pode ser levada ainda mais longe. Por exemplo, a geralmente bastante conhecida e claramente visível Estrela do Norte está a 430 anos-luz de distância da Terra. Se um observador estivesse ali posicionado com um telescópio incrivelmente poderoso e lançasse o seu olhar sobre a Terra, veria uma imagem com 430 anos de idade. Assim, o observador olharia para o nosso século XVI e possivelmente testemunharia a primeira representação de Romeu e Julieta de William Shakespeare.

Vamos passar deste jogo mental de volta aos factos. Em 2007, os investigadores da NASA puderam observar uma supernova. Tal evento, que descreve o desaparecimento de uma estrela, é uma experiência única para os cientistas. Neste caso, esta supernova foi observada através de telescópios ópticos e outros meios. O alvo de observação foi uma estrela enorme mas sem nome, a uma distância de 250 milhões de anos-luz. Isto significa que esta supernova - a morte da estrela - já teve lugar há 250 milhões de anos, ou seja, ao mesmo tempo que uma época em que os dinossauros povoavam a Terra. A propósito: esta supernova não foi apenas observada com a ajuda de telescópios ópticos, mas também com a ajuda da medição de raios X que são produzidos durante uma supernova. Como os raios X viajam à mesma velocidade que a luz, esta medição é semelhante e - pelo menos a este respeito - dá o mesmo valor.

Através das propriedades da velocidade da viagem da luz, olhamos para trás no tempo. E este período de tempo muda quanto mais distante está um ponto observado. Com o exemplo da supernova, podemos concluir que isso já aconteceu. Afinal, os cientistas conseguiram registar opticamente este fenómeno. Por exemplo, tomemos novamente a Polaris, que está a 430 anos-luz de distância.

Podemos vê-la muito bem a olho nu. A luz que vemos foi emitida pela estrela num ponto fixo há quase exactamente 430 anos. Mas será que esta estrela ainda se encontra no local exacto onde hoje vemos a sua luz? Não. Porque há movimento no universo. A origem deste movimento não se encontra no big bang. Pelo menos não como uma solução universalmente válida. O facto é que o universo está em expansão e sempre esteve. No entanto, esta ideia encontrou o seu caminho na nossa cultura popular com muitos detalhes falsos. Por exemplo, muitas pessoas imaginam a expansão do universo como uma onda de choque uniformemente espalhada, algo como a explosão de um fogo de artifício e o seu efeito sobre a área circundante. Aqui devemos primeiro imaginar que o big bang criou o seu ambiente em primeiro lugar. Mas mais sobre isso num capítulo posterior. E sim, mesmo que o universo se expanda, isto não acontece uniformemente, mas apenas onde não há gravidade nem matéria. Pois não é a matéria que se expande, mas sim o espaço. Isto pode ser comparado ao cozer de um bolo de nozes. Durante o processo de cozedura (ou seja, com o tempo), o bolo expande-se. No entanto, isto refere-se apenas à massa, mas não às nozes que a compõem. Porque esta pastilha não altera a sua forma, apenas o espaço à sua volta. O facto de estas nozes mudarem, no entanto, a sua posição também se deve à expansão do espaço. E o mesmo se passa com as galáxias. Elas movem-se com o espaço. Tal como uma noz não fica maior quando o bolo é cozido, a galáxia em si não fica maior.

O facto de as estrelas se moverem deve-se ao facto de girarem em torno do centro da sua galáxia. Isto também se aplica ao nosso sol, que gira em torno do centro da Via Láctea, da qual o nosso sistema solar também faz parte. A velocidade disto é bastante baixa: a nossa estrela viaja a uma velocidade de apenas 220 km/s. Isto parece-nos rápido, é claro. Isto parece-nos rápido nos nossos termos, claro; mas em termos cósmicos é bastante lento. Devido a esta velocidade de viagem comparativamente lenta, não somos capazes de a registar a olho nu. Aparentemente, as estrelas não se movem; elas parecem firmemente ancoradas no céu. Esta observação levou os cientistas de séculos anteriores a referirem-se a estas estrelas fixas como estrelas fixas. A presunção de que o "firmamento" é uma constelação sólida de rocha ainda era considerada uma certeza no campo da astronomia até ao século XVIII. O facto de as nossas estrelas e constelações se moverem de leste para oeste, semelhante ao curso diário do sol, deve-se, por sua vez, à rotação da terra.

Usando a matemática, podemos calcular o movimento das estrelas e, após muitos milénios, também poderemos ver o movimento. Assim, quando olharmos para o céu estrelado em 100.000 anos, veremos uma imagem completamente diferente das constelações.

Este movimento das estrelas é importante para a nossa consideração. Há 430 anos atrás, a Polaris ainda estava no seu lugar. Se a observarmos agora mesmo e neste momento, ela avançou durante 430 anos antes que a sua luz pudesse chegar até nós. A partir disto, podem ser tiradas conclusões interessantes sobre as dimensões cósmicas da supernova acima referida, que se encontrava, em última análise, a 250 milhões de anos-luz de distância. Antes de a luz chegar aos telescópios, esta estrela, ou o que resta dela depois da sua supernova - um buraco negro ou uma estrela de neutrões - estava em movimento. Assim, vemos a imagem de uma estrela que deixou o seu ponto de partida há um quarto de mil milhões de anos. Em pequena escala, isto também pode ser visto com a nossa lua. Se olharmos para a nossa companheira, vemos também a luz atrasada em 1,28 segundos. A lua mudou assim a sua posição em 1,28 segundos-luz.

Isto é comparável a quando um colega de equipa num jogo de andebol quer atirar-nos uma bola enquanto corre. Através do movimento de corrida, o lançador altera a sua posição, enquanto nós permanecemos de pé de forma rígida. Se apanharmos esta bola e a lançarmos de volta à mesma posição exacta, ela não irá a lado nenhum. Porque o companheiro de equipa finalmente avançou, ele está agora noutra parte do campo e assim fisicamente noutro lugar. Agora temos também de ter em mente: Nós próprios também não permanecemos rígidos. A terra gira em torno do nosso sol, que, como acabamos de descrever, está também num movimento rotativo em torno do centro da Via Láctea. Assim, o lançador tem de atirar a bola para onde ainda não chegámos. Pelo menos se quisermos apanhar a bola com sucesso. Contudo, existe uma diferença entre lançar uma bola e emitir luz que nos facilita a observação de eventos cosmológicos. O processo de atirar uma bola é um acontecimento controlável e claramente delimitado em termos de tempo, incluindo a entrega, a duração do voo do brinquedo e a recepção. Normalmente, os eventos cósmicos duram um pouco mais: porque uma estrela como a Polaris emite luz continuamente. Se desaparecesse a partir de agora, esta informação não seria registada na Terra até ao ano 2451 (uma vez que no momento da redacção deste livro é o ano 2021). Se já não estivesse lá, nem sequer nos aperceberíamos disso. Mas mesmo na vastidão do cosmos há acontecimentos com uma pequena janela temporal. Um deles é a supernova a uma distância de 250 milhões de anos-luz. Esta morte de uma estrela durou apenas 70 dias - para os cientistas, isto foi como acertar o jackpot na lotaria. Porque este não é um acontecimento diário. Os cientistas assumem que cerca de 12 a 28 supernovas ocorrem na nossa Via Láctea a cada milénio, em média 20 por 1000 anos. Durante uma vida humana, o registo de uma supernova é, portanto, uma experiência aparentemente única, mas no universo como um todo é uma ocorrência absolutamente diária: de facto, a ciência estima que 30 supernovas têm lugar a cada segundo em todo o universo.

OS LIMITES DO UNIVERSO

Quando falamos do universo observável, dedicámo-nos até agora a um factor essencial em particular: a luz. O objecto mais distante cuja luz podemos medir estava a cerca de 40 milhões de anos-luz de distância de nós na altura da formação do universo. Isto é comparativamente pouco quando considerado à escala do universo. De acordo com a teoria do Big Bang, o universo está a expandir-se. No entanto, é de notar que embora a luz dos objectos no universo esteja lá de acordo com o tempo de viagem da luz em combinação com esta expansão, a luz já foi emitida há milhares de milhões de anos atrás, há 13,8 mil milhões de anos para ser preciso. Porque neste momento em que o universo surgiu, a cosmologia está muito certa disso. Durante este período, os átomos que emitiram fotões afastaram-se muito mais e estão agora, de acordo com o modelo cosmológico padrão do Big Bang, a uma distância de quase 46,6 mil milhões de anos-luz da Terra, em vez dos 40 milhões originais. Afinal, eles não ficaram parados e a distância tornou-se assim mais longa, praticamente em retrospectiva. E esta distância descreve com bastante precisão o limite do universo observável. Chamamos a este limite máximo o horizonte observacional ou horizonte de partículas. Se o quisermos ver desta forma, este limite é o envelope da forma elipsoidal do universo. Desde o Big Bang,

universo. Já neste ponto nos apercebemos: Nesta singularidade, prevalecem outras leis físicas que não as que aprendemos na escola.

E a ciência também tem dificuldades com o big bang. Não existe actualmente uma descrição geralmente válida do estado do próprio Big Bang e do tempo imediato antes ou depois dele. Mesmo a arma física polivalente, a teoria geral da relatividade de Albert Einstein, não descreve adequadamente os estados da singularidade. Mas está a ser feito trabalho sobre ela. Nos círculos de investigação, considera-se provável que a solução esteja relacionada com a palavra-chave "gravidade quântica". No entanto, uma fórmula correspondente que prova isto ainda não foi encontrada. Em geral, assume-se que uma "densidade infinita" deve ter prevalecido nesta singularidade, ou que a densidade foi muito elevada. As partículas na forma mais primitiva do universo eram altamente carregadas energeticamente, por isso era quente. Muito, muito quente. A temperatura correspondia à temperatura de Planck, que descreve um número de graus de 10 à potência de 23 graus Kelvin. A suposição é que nessa altura, há 13,8 mil milhões de anos, as quatro forças básicas (interacção electromagnética, interacção fraca, interacção forte e gravitação) não eram eficazes. Em vez disso, suspeita-se de uma força dita primordial, mas ainda não foi produzida uma teoria conclusiva e geralmente aceite para tal. Desta vez, quando o universo ainda jovem era enormemente quente e denso, chama-se a era Planck. A era GUT segue-se a esta época. GUT é um acrónimo de Grand Unified Theories (Grande Teoria Unificada). Diz-se que a força primordial (cuja existência é incerta) se dividiu na força e gravidade do GUT. Diz-se que a força GUT, por sua vez, uniu forças nucleares fortes e fracas, bem como a força electromagnética. E é precisamente nesta era do GUT que se diz ter havido coisas pioneiras: A inflação cósmica, que descreve uma rápida expansão do universo a uma velocidade superior à da luz. Ainda não se sabe exactamente como é que esta expansão teve lugar. Tal como a questão de saber por que razão parou a dada altura. No entanto, o facto de a inflação ter tido lugar é apoiado por algumas provas circunstanciais. Um exemplo é a homogeneidade do universo. Isto significa que prevalecem as mesmas condições energéticas numa galáxia que noutra galáxia, que é uma distância inconcebivelmente grande em relação à primeira galáxia. Estas e outras observações falam a favor da teoria da inflação, mas esta não pode explicar adequadamente outros fenómenos cosmológicos.

De acordo com a teoria suposta do GUT, a ciência atinge um ponto com nucleossíntese primordial onde as nossas leis da física podem ser novamente aplicadas. Nesta síntese, os núcleos atómicos, quarks e anti-quarks são supostos terem sido criados. Assim, encontramo-nos novamente em áreas que nos parecem um pouco mais familiares. Durante a Nucleossíntese Primordial, o universo arrefeceu muito rapidamente. Antes disso, toda a matéria consistia exclusivamente de plasma quente. Vamos abreviar um pouco o que aconteceu a seguir: Quarks unidos para formar hadrões, ou seja, prótons, neutrões e assim por diante. Estes prótons e neutrões combinados para formar os primeiros núcleos atómicos, mais precisamente núcleos atómicos de deutério, que finalmente se fundiram em pares para formar núcleos atómicos de hélio-4. Aqui chegamos aos núcleos atómicos na fase inicial do universo, que ainda hoje desempenham um dos papéis mais importantes. Os outros elementos químicos só foram formados mais tarde e dentro de estrelas. No tempo da nucleossíntese - assim se assume - também se diz que os primeiros campos magnéticos foram criados por rodopio e subsequente indução dentro do plasma quente.

Estes processos não tiveram lugar num piscar de olhos. Acredita-se que foram necessários cerca de 400.000 anos para que a temperatura arrefecesse a um nível suficientemente baixo para que se formassem núcleos atómicos estáveis. Isto levou a que o universo se tornasse transparente. Isto significa que os fotões podiam percorrer distâncias mais longas sem serem absorvidos primeiro. Este não era o caso em todas as regiões do universo jovem, porque o arrefecimento não ocorria de forma uniforme. No entanto, podemos falar aqui de um desacoplamento da luz.

Mesmo que algumas das teorias - especialmente nos primórdios absolutos do universo - ainda não estejam completamente esclarecidas, estas consideradas propriedades são consideradas suficientes e geralmente aceites para descrever o universo tal como o conhecemos hoje em dia.

- Capítulo 3 -

A EXPANSÃO DO UNIVERSO

Já estabelecemos nos capítulos anteriores que o universo não é rígido. Está em expansão, e esta descoberta é consistente com a teoria do Big Bang. No entanto, o facto de o universo estar em movimento nem sempre foi o estado actual da ciência. O próprio Albert Einstein descreveu um universo estático no quadro da teoria geral da relatividade, que consequentemente não se expande. O colega de Einstein, Willem de Sitter, viu-o da mesma forma. No final dos anos 20, o astrónomo norte-americano Vesto Slipher teve as suas primeiras dúvidas sobre a ideia de um universo rígido. Slipher notou o redshift de algumas galáxias distantes e assim determinou que devem existir objectos fora da Via Láctea. Em 1927, foi o belga Georges Lemaître que finalmente descreveu um universo dinâmico com base na teoria da relatividade. O que era importante nesta percepção era que esta expansão não ocorresse num espaço fixo. O próprio espaço está a expandir-se. Já estabelecemos este fenómeno nos capítulos anteriores, com base no bolo e nas nozes que o compõem. O astrónomo Lemaître chamou à sua galáxia de fuga da descoberta. Edwin Hubble - epónimo da constante de Hubble - descreveu galáxias distantes alguns anos antes de

Lemaître. A partir deste conhecimento, que ele combinou com o redshift observado de Slipher, Lemaître criou a constante de Hubble. Estas novas teorias também fizeram Albert Einstein, o físico original, repensar a sua posição. Tendo em conta as descobertas de Lemaître, Slipher e Hubble, Einstein rejeitou a ideia de que o universo era um espaço rígido.

Actualmente, a expansão do universo é uma teoria geralmente aceite pela ciência. Isto não significa que todos os aspectos tenham sido completamente esclarecidos. Isto é especialmente verdade no que diz respeito à velocidade de expansão do espaço. Pois a velocidade variou ao longo dos anos. No início, o universo expandiu-se a uma velocidade tremenda durante a chamada inflação. Depois, a velocidade de expansão abrandou. Isto soa bastante plausível. Mas a astronomia fez agora a descoberta de que a expansão do espaço está de novo a ganhar velocidade. Uma vez que estamos aqui a falar de distâncias imensas, vamos primeiro lidar com a questão: como é que a ciência conseguiu de facto a ideia de que o universo está a expandir-se? A razão é o desvio vermelho já mencionado. Este termo significa um deslocamento das linhas espectrais em direcção à região vermelha (e, portanto, para o fim) do espectro visível. Isto tem um significado especial na determinação de medidas astronómicas de comprimento. Em suma, quanto mais vermelho - ou seja, o "avermelhado" - um ponto nos aparece na observação visual, mais longe está. Os astrónomos podem medir distâncias com base na extensão desta deslocação. Mas isso não é tudo: através do deslocamento vermelho, é também possível determinar um movimento do objecto observado. A onda emitida é praticamente afastada, torna-se mais longa e parece-nos mais avermelhada. O oposto também pode ser observado. Se um objecto se deslocar na nossa direcção, a onda torna-se "mais azul", o que também é chamado deslocamento azul. O deslocamento azul deve-se ao facto de as linhas espectrais na gama azul terem um comprimento de onda inferior.

Quando os astrónomos olham para as estrelas, o desvio vermelho descrito acima foi registado repetidamente. A luz que entra aparece - simplesmente colocada - "mais vermelha" do que a luz que foi emitida pelo objecto emissor, por vezes há milhões de anos atrás. Aqui, também, as ondas foram praticamente afastadas. E isto permite-nos tirar uma conclusão importante: desde que o objecto emitiu a luz, afastou-se do nosso ponto de observação - a Terra. Através do redshift, foi assim estabelecido que o universo não é rígido, mas sim em expansão. Se ele encolhesse em si mesmo, as ondas não seriam expandidas, mas comprimidas. Consequentemente, a luz neste cenário chegar-nos-ia mais azul do que o esperado. No entanto, não é este o caso. Um objecto recuado, como uma estrela como o nosso sol, torna-se mais avermelhado e avermelhado e acaba por desaparecer completamente.

A ciência nem sempre esteve plenamente consciente de que o nosso universo está em expansão. Por exemplo, inicialmente não estava claro se o universo estava a expandir-se ao infinito, a abrandar ou mesmo a chegar a um impasse e eventualmente a contrair-se novamente. Ao observar um grupo de supernovas em 1998, os três cientistas Brian Schmidt, Saul Perlmutter e Adam Riess foram capazes de determinar que o universo não só está a expandir-se, mas que está mesmo a acelerar. Isto valeu-lhes o Prémio Nobel da Física em 2011 - porque a descoberta da aceleração foi inédita e inesperada. De facto, até então, era o estado comum da investigação que a expansão do universo estava a tornar-se cada vez mais lenta. Agora surge a questão: porque é que a expansão do espaço está de facto a tornar-se cada vez mais rápida? A ciência não tem (ainda) uma resposta, mas apresenta uma hipótese com a teoria da energia negra. Esta forma até agora desconhecida e misteriosa de energia é suposta contrariar a gravitação da matéria no Universo. E a energia escura também não é suposta ser um fenómeno marginal: supõe-se que a energia escura representa cerca de 68 por cento da densidade total do universo. Dado que estamos a falar de uma forma hipotética de energia, a energia escura é, portanto, de grande importância. Como é habitual com uma hipótese, esta misteriosa energia não é descrita como é, mas como deve ser a fim de apoiar as observações. Para provocar a expansão observada do universo, a sua pressão deve ser negativa. A pressão negativa neste caso descreve um tipo de gravidade inversa que leva à repulsão em vez da atracção. Isto pode ser comparado a dois pólos iguais de dois ímanes. Esta energia deve praticamente afastar o universo e com velocidade crescente.

Se a energia escura é supostamente responsável por 68% da densidade total e da energia em todo o universo, e quanto ao resto? A massa bariónica, que vamos encontrar ainda mais frequentemente na nossa viagem, não é certamente ela. Esta, também chamada matéria bariónica, é constituída por quarks e leptões. E com isto queremos dizer o que realmente imaginamos quando ouvimos a palavra "matéria". Assim, os planetas, a terra e nós próprios somos feitos precisamente deste tipo de matéria.

Os investigadores assumem que o universo não consiste em mais de cinco por cento desta massa. Mas e quanto ao resto? Para preencher o escasso último quarto do universo, chegamos inevitavelmente à matéria escura, que não deve ser confundida com energia escura, mas que também não é menos misteriosa. Tal como a energia escura, a matéria escura não é directamente observável por nós. Mas, de acordo com as leis fundamentais da gravidade, ela deve estar presente porque podemos observar os seus efeitos. Isto porque a massa e a energia observáveis não são suficientes para explicar os fenómenos que os astrónomos encontram quando exploram o universo. Portanto, deve existir algo mais que não possamos ver. Assim, a teoria da matéria escura nasceu para explicar o movimento da matéria visível. Só através da matéria escura se pode explicar a velocidade com que as estrelas orbitam o centro de uma galáxia. Isto porque nas regiões exteriores de uma galáxia, a velocidade do movimento é muitas vezes superior à que deveria ser, uma vez que há menos efeitos gravitacionais ali do que em objectos próximos do centro. A velocidade de rotação é, portanto, diferente da dos objectos observáveis.

Por outro lado, isto significa que deve haver algo mais. Mas o que é exactamente matéria escura e como é composta é um dos maiores mistérios da ciência. A detecção no laboratório não tem sido bem sucedida e a composição da matéria escura é ainda considerada desconhecida. Entretanto, há numerosas abordagens para abordar a solução desta questão. Basicamente, distinguem-se duas possibilidades. Ou a matéria escura é considerada como parte da matéria bariónica ou como parte da matéria não-bariónica. Vejamos primeiro as abordagens se assumirmos que a misteriosa matéria escura consiste em protões, neutrões e electrões, tal como a matéria convencional. Uma das abordagens descreve a matéria escura como um gás frio. Frio porque os gases quentes emitem radiação que seria mensurável. Este não é o caso dos gases frios. No entanto, os rácios de densidade falam contra esta hipótese. Se a matéria escura fosse um gás de baixa densidade, os rácios de massa exigidos pela teoria dificilmente seriam possíveis. Outro modelo descreve a matéria escura como uma nuvem de poeira fria. Esta nuvem teria necessariamente de ser fria para que - como o gás que acabou de ser mencionado - não emitisse qualquer radiação. Mas também aqui existem algumas dificuldades. Pois se a matéria escura consistisse em pó, já não seria escura. A luz incidente de outras estrelas seria, pelo menos parcialmente, reflectida novamente pelas partículas. E isto conduziria à visibilidade. Além disso, o problema da massa é relevante aqui. Para definir a matéria escura como nuvens de poeira, seriam necessárias imensas quantidades de partículas de poeira.

Uma teoria um pouco mais provável traz as anãs castanhas ao jogo. São corpos celestes que têm muito pouca massa para serem considerados uma estrela e muita massa para passar por um planeta. Devido à massa demasiado baixa, a fusão de hidrogénio não tem lugar. Esta fusão é a razão pela qual as estrelas emitem luz e as tornam visíveis para nós. No entanto, a pressão e a massa são suficientes para uma fusão de deutério. No entanto, esta forma tem uma desvantagem para nós: não é observável porque se realiza num espectro de luz não visível. Assim, as anãs castanhas são invisíveis para nós, ou seja, escuras. No entanto, elas têm massa suficiente para interacções gravitacionais. Esta teoria é geralmente mais aceite do que a teoria do gás frio. No entanto, os astrónomos não assumem que a matéria escura consiste apenas em anãs castanhas. Em geral, a comunidade científica tem a certeza de que estes objectos constituem apenas uma fracção relativamente pequena da matéria escura.

A outra parte das considerações visa definir a matéria escura como matéria não bariánica. Esta linha de pensamento pode também permitir uma maior esperança na clarificação da definição de matéria escura. Mas, tal como mencionado, a ciência não está certa e está à espera de uma explicação. No entanto, existem abordagens para resolver o mistério. Foram os físicos Chiu Man Ho e Robert Scherrer que introduziram a teoria dos fúrmios anapole Majorano. Aqueles que nunca souberam nada sobre estes termos não precisam de se surpreender. Aqui já estamos a entrar bastante fundo na física das partículas elementares. Vamos dar uma vista de olhos mais atenta: No modelo padrão destas mesmas partículas elementares, encontramos férmions (que se subdividem mais uma vez em quarks e leptões) e bósons. No nosso "problema" actual, vamos primeiro olhar para os primeiros mencionados, os fetos. No entanto, encontraremos mais tarde os outros actores principais da física elementar das partículas e analisaremos mais de perto as suas características. Nesta área da física, os férmions são considerados como aquilo a que chamamos matéria. Estes fúrmios especiais têm o apelido "Majorana", que foi dado pelos dois físicos Robert Scherrer e Chiu Man Ho em homenagem ao físico nuclear italiano Ettore Majorana. Estes fúrmios Majorana devem funcionar como portadores de matéria negra, por assim dizer. Estes fúrmios são supostamente não-polares e têm forma numa espécie de toro que envolve um campo eléctrico. Embora esta ideia seja bastante interessante, está em parte em contradição com o modelo padrão da física das partículas. Nenhuma das partículas aqui mencionadas é um fúmion Majorana. O facto de ainda existirem variáveis desconhecidas nas equações da física e da astronomia não é nada de realmente novo. No entanto, a teoria dos fúmions de Majorana tem recebido bastante atenção internacional.

A fim de desvendar os segredos da matéria negra, a investigação há muito que se baseia em neutrinos. Trata-se de partículas com carga eléctrica neutra com uma massa baixa. Em comparação com os fúrmios Majorana, os neutrinos têm uma grande vantagem: a sua existência é considerada certa. No entanto, assim que os neutrinos são utilizados como base para a matéria escura, há um ligeiro engate. Embora as partículas tenham uma massa, esta é demasiado pequena para suportar a matéria escura. Se assumirmos que estes neutrinos são rápidos e leves (e portanto "quentes"), isto viraria a nossa compreensão dos processos de formação de objectos no universo de pernas para o ar. Pelo menos se esta matéria escura quente estivesse presente em grandes quantidades. No entanto, isto não significa que o modelo em que os neutrinos formam esta matéria escura quente esteja completamente errado. Pode bem ser que uma pequena parte da matéria escura consista precisamente nisto, mas não o explica completamente. Assim, existe um paralelo com as anãs castanhas, que também poderiam constituir uma pequena parte do todo.

Há também especulações sobre uma forma de matéria escura fria. Esta ideia carece de alguns detalhes; baseia-se em partículas elementares especiais e até agora não observadas com fraca interacção gravitacional, as chamadas WIMPS. No entanto, segundo alguns cientistas, os efeitos teóricos destas partículas hipotéticas não são consistentes com os resultados reais das medições. Assim, a possibilidade de que esta matéria escura possa ser pouco energética e, portanto, "fria", é considerada como não sendo realmente sustentável. Outros investigadores afirmam já ter detectado este WIMPS em "experiências laboratoriais". A ciência, contudo, é um pouco céptica quanto a esta possibilidade.

Quanto mais tempo olhamos para a matéria negra e para a energia negra, mais misteriosa ela se torna. Diz-se que ela divide o universo e que existe em quantidades gigantescas. Mas não podemos vê-lo, observá-lo ou medi-lo. Todas as teorias que examinámos no último capítulo não explicam o fenómeno, não o explicam adequadamente ou explicam apenas uma parte muito pequena do mesmo. No entanto, todas elas têm uma coisa em comum. Todas elas se baseiam no pressuposto de que a lei da gravidade de Newton existe. Alguns cientistas procuram agora uma abordagem diferente, mais exótica, para explicar a existência da matéria negra. Esta abordagem vai mesmo mais longe e vira toda a hipótese de cabeça: é realmente a matéria escura que é responsável pela dinâmica à beira das galáxias e faz com que o universo se desloque? Ou há algo mais lá fora que explique o fenómeno?

Esta linha de pensamento deu origem a teorias que modificam as leis existentes em cujos fundamentos se baseavam as teorias anteriores. Uma delas é a hipótese MOND, abreviatura de "dinâmica newtoniana modificada". Esta hipótese exclui a existência de matéria escura e oferece assim uma abordagem alternativa para explicar a observação de que a velocidade orbital das estrelas na periferia das galáxias é mais elevada do que as leis amplamente aceites da física permitiriam mesmo. A matéria negra foi primeiramente trazida em jogo para resolver este puzzle. O físico israelita e criador da hipótese MOND, Mordehai Milgrom, adopta uma abordagem diferente. E uma coisa em avanço, antes de entrarmos agora nos detalhes da teoria: A hipótese MOND é altamente controversa e é objecto de um debate animado. Não descreve uma massa não visível como sendo responsável pelo aumento da velocidade orbital. Pelo contrário, são as leis de Newton, que na realidade parecem inalteráveis, que causam este desvio - se fossem modificadas em conformidade. De acordo com Milgrom, a velocidade orbital poderia ser adequadamente explicada por uma pequena modificação da lei do movimento de Newton. Basicamente, o físico Milgrom assume que nas grandes dimensões do universo, mesmo a mais pequena alteração na aceleração poderia ter efeitos maciços. Assim, de acordo com o lema: pequena causa, grande efeito. Assim, não há necessidade de uma massa grande e invisível como a da matéria escura e a velocidade de rotação (aumentada) na borda da galáxia seria causada pela massa no centro da galáxia. O facto de a hipótese MOND não ser do agrado de todos entre os colegas investigadores de Milgrom deve-se principalmente a dois factos: Primeiro, a existência de matéria escura parece ser obrigatória. Além disso, ela é bem compatível com as leis estabelecidas de Newton e Einstein. Para explicar a observação no limite da galáxia, a matéria escura simplesmente "deve" estar presente. O segundo aspecto descreve o cepticismo quando as leis estabelecidas são "remendadas". Afinal, a teoria da gravidade de Newton existe desde 1686, mas os apoiantes da hipótese de MOND salientam que mesmo a lei de Newton já foi alterada ou complementada três vezes. Não está, portanto, em pedra e, caso a hipótese MOND se revele plausível apesar de todas as críticas, poderia também ser novamente emendada. Estas duas razões são também decisivas para que a ciência estabelecida persiga predominantemente a teoria da matéria negra. A hipótese MOND ainda é considerada para além da corrente científica. Das abordagens alternativas, contudo, não é a única; a matéria negra na sua forma hipotética continua a ser um tema central da ciência.

- Capítulo 4 -

ESPAÇO, TEMPO E TEMPO ESPACIAL

Quando falamos do universo, temos inevitavelmente de falar de palavras como espaço, tempo e espaço-tempo. Quando usamos estas palavras na vida quotidiana, muitas vezes significamos algo muito específico: para nós, um espaço é uma sala num edifício ou uma região específica e limitada, (por exemplo, espaço natural). Com a palavra "tempo" descrevemos as nossas medidas comuns para dividir o tempo, mas não o tempo em si. Isto significa segundos, meses e séculos. Na linguagem comum, a matéria é considerada como aquela que é inorgânica. Coloquialmente, uma pedra ou terra é o que associamos à matéria, em vez de algo vivo ou orgânico. Não chamaríamos nem um animal nem uma matéria vegetal.

No universo, no entanto, a definição de espaço é considerada como tal: O espaço descreve o "em todo o lado", o universo é praticamente como um recipiente que contém este espaço. Fora deste contentor não há espaço. Não há lá "nada" e isso descreve praticamente o que presumimos estar lá. Não há espaço, não há tempo e não há matéria. Imaginamos o espaço como tridimensional. Tem uma altura, uma largura e uma profundidade. O espaço desempenha o papel de um modelo de ordem, tal como usaríamos a palavra espaço na fala. O espaço não é rígido: interage com os objectos que nele encontramos, ou seja, matéria e campos tais como campos magnéticos ou campos gravitacionais.

Hoje em dia é certo que o espaço e o tempo estão indissociavelmente ligados. Devemos esta realização a ninguém menos que a Albert Einstein e à teoria geral da relatividade. A afirmação central é: espaço e tempo são relativos um ao outro e têm estado indissociavelmente ligados desde o Big Bang. Para a ciência, nem sempre foi este o caso. Isaac Newton, um pioneiro da física no século XVIII, ainda afirmava que o tempo não era relativo, mas absoluto e separado do espaço. Confirmaríamos imediatamente esta teoria do nosso ponto de vista. Exemplo: Vivemos numa cidade A e queremos viajar para uma cidade B. Assumimos que, nessa cidade, o tempo é relativo. Assumimos que o tempo passa tão rapidamente (ou lentamente) na cidade A como na cidade B. Este é um facto útil para nós. Afinal de contas, podemos calcular quando chegaremos de facto fisicamente a esta cidade B durante uma viagem. Isto depende da velocidade do nosso movimento e da distância entre a cidade A e a cidade B. Para Newton, isto também era um facto, ou uma distância. Para Newton, isto também era um facto, ou ele transferiu esta ideia para o universo. Não importa se a cidade A ou B ou a galáxia A ou B - o tempo passa à mesma velocidade em todo o universo, ele é absoluto. Albert Einstein introduziu uma tese diferente. O tempo não passa constantemente e está dependente e mesmo inseparável do espaço. O tempo não pode existir sem espaço e vice-versa.

Como é que são as interacções em termos concretos? A palavra-chave é gravitação. Os objectos dentro do universo têm massa e gravidade. Esta gravidade molda o espaço. Imaginemos o espaço como uma almofada e um objecto grande como uma bola de metal pesado. Se colocarmos esta bola sobre a almofada, ela forma um buraco visível. Se agora colocarmos uma bola mais pequena perto desta depressão causada pela bola mais pesada, ela rola em direcção a ela. É semelhante com a gravidade no espaço - é criada uma curvatura no espaço. Mas o que é que o tempo tem a ver com ela? Einstein diz que não só o espaço é curvado, mas também o tempo. É efectivamente comprimido e é tão maleável como o espaço. Para obter uma visão geral do porquê disto, precisamos de olhar novamente para o espaço como um todo. Estabelecemos que o espaço é tridimensional e é definido pela altura, largura e profundidade. Devido à compreensão de Einstein de que o espaço e o tempo não podem ser separados, o factor tempo também deve ser tido em conta aí. Este é o nascimento do conceito de espaço tempo. O espaço tridimensional torna-se assim tetradimensional através do factor adicional do tempo. O tempo é, de facto, unidimensional. No que diz respeito à direcção, corre sempre na mesma direcção. Ele move-se do presente para o futuro e isso é imutável. Não pode ser parado e não pode retroceder - para o passado.

Devido à curvatura do espaço e à compressão do tempo associada, o tempo move-se de forma diferente em todo o lado. Isto aplica-se realmente a tudo, mesmo a cada partícula. E como é no nosso caso com a cidade A e a cidade B? Também aqui existem diferenças, mas vivemos no e com o espaço-tempo. No entanto, esta diferença é tão pequena na terra que não a podemos sentir. É, no entanto, mensurável. Mas um relógio não nos serve de nada aqui. A diferença é apenas uma nuance mínima. Devido às distâncias incrivelmente grandes, o desvio na nossa Terra é apenas marginal. Mesmo as nossas naves espaciais mais rápidas, como os foguetes, não permitem que se façam distinções. E mesmo quando um astronauta põe os pés em Marte, ele não nota qualquer diferença, apesar da distância relativamente longa à Terra. Isto é uma coisa boa para a nossa coexistência. Afinal de contas, uma determinação exacta do tempo é o que nos permite navegar, como seria o caso da viagem imaginária entre duas cidades. E: se o tempo não corresse necessariamente para o futuro ou se se desviasse em grande medida deste destino, não poderíamos de modo algum existir. Se o tempo corresse para trás e para a frente como se fosse arbitrariamente, seria concebível que nós, como pessoa, pudéssemos existir duas vezes ou não existíssemos de todo.

Os desvios ao longo do tempo só podem ser medidos por cálculos e medições. Aplica-se a regra de polegar: Quanto menor for a força gravitacional, mais rápido passa o tempo. Assim, num planeta maciço com forças gravitacionais mais elevadas, o tempo passa um pouco mais devagar em geral do que na nossa Terra.

Para a respectiva definição de tempo, o factor velocidade é também muito importante. As partículas mais pequenas que viajam à velocidade da luz são praticamente eternas. Para elas, o tempo não se move de todo. Isto deixa espaço para teorias bastante excitantes. Se nos movêssemos numa nave espacial à velocidade da luz, o tempo ficaria praticamente parado para nós. Não envelheceríamos sequer. Contudo, o tempo continua a correr normalmente em outros pontos do universo. Assim, as pessoas na Terra envelheceriam sem obstáculos, enquanto nós nem sequer sentiríamos a diferença na passagem do tempo. Na ficção científica, esta característica do tempo é frequentemente ignorada por razões dramatúrgicas ou tornada possível por tecnologias de propulsão avançadas e novas descobertas físicas. Em filmes e romances vemos e lemos frequentemente sobre tecnologias ou os chamados "wormholes" que dobram o espaço-tempo de tal forma que este efeito é suposto ser anulado. Estas ideias não são apenas sonhos do futuro, mas apenas jogos mentais que, no entanto, exercem o seu justificado fascínio sobre nós.

- Capítulo 5 -

Os TERMOS COSMOS, UNIVERSO E ESPAÇO EXTERIOR

Vamos primeiro resumi-lo mais uma vez: O universo é a totalidade do tempo e do espaço, incluindo toda a matéria e energia que nele existe. Contudo, quando os filmes de ficção científica falam de "espaço exterior", os termos para esse desconhecido fora da nossa Terra alternam um pouco. Usamos as palavras universo e cosmos, bem como o termo universo. Isto só é correcto se realmente significarmos a mesma coisa. Cosmos e universo significam a mesma coisa, precisamente o que também entendemos por universo. Mas e quanto ao termo espaço? Esta palavra descreve algo diferente e mais "tangível" do que o universo enquanto tal. Em termos simples, a palavra "espaço exterior" descreve o espaço entre os mundos. É certo que isto é um pouco poético e parece poeirento. Mas é no entanto correcta. O espaço é o espaço entre planetas e galáxias, estrelas e muito mais. Por outras palavras, o "espaço" entre os corpos celestes individuais e, portanto, precisamente as áreas que os protagonistas da televisão percorrem nas naves espaciais. É claro que isto já não é ficção científica. Neil Armstrong e os outros astronautas da missão Apollo 13 eram também verdadeiros viajantes do espaço. Afinal, eles atravessaram o espaço entre a Terra e a Lua antes de se tornarem os primeiros humanos a aterrar na Lua. A propósito, não foram os primeiros viajantes espaciais. A tripulação da missão Apollo 8 foram os primeiros humanos a orbitar a Lua, em 1968. E mesmo antes disso, a russa Vostok 1 conseguiu o primeiro voo espacial de sempre em 1961, fazendo de Yuri Gagarin o primeiro viajante espacial na história da humanidade.

- Capítulo 6 -

ESTRELAS, GALÁXIAS E O ESPAÇO ENTRE ELAS

Para melhor classificar o espaço, a ciência fez divisões, semelhantes às diferentes profundidades dos oceanos. Também aqui, os limites são fluidos e assim é com a transição da nossa atmosfera terrestre. A fim de melhor dividir esta transição, existe a linha Kármán. Esta linha (imaginária) está cerca de 100 quilómetros acima da superfície da terra e tem uma característica especial. Acima desta altitude, o elevador de voo necessário de uma aeronave é exactamente o mesmo que a velocidade orbital de um satélite que orbita a Terra, mas não existe um limite distinto. Esta é também a razão pela qual existe alguma discordância sobre esta classificação. Para a NASA, o voo terrestre pára a 100 quilómetros, enquanto outras instituições como a Força Aérea dos EUA traçam a linha a 80 quilómetros. Para ambas as definições, no entanto, é verdade que um objecto que ultrapassa estes limites deixou efectivamente a Terra: Está no espaço, no que é conhecido como espaço próximo da Terra.

Assim, como notamos, a distância para entrar no espaço é definida de forma diferente. Esta distância também varia quando consideramos diferentes corpos celestiais. Quando um objecto está no espaço, está relacionado com a respectiva atmosfera. A lua, por exemplo, não tem uma atmosfera no verdadeiro sentido da palavra, ou pelo menos é lá tão fina que não poderia resistir a uma comparação com a atmosfera da terra. Assim, o espaço começa ali directamente na superfície. Assim, quando um astronauta caminha na lua, ele está - logicamente - na lua, mas também no espaço ao mesmo tempo. O mesmo se aplica a uma hipotética visita a Mercúrio, porque embora a sua atmosfera seja constituída por hélio, hidrogénio e outros elementos, é comparável à da Lua. A situação é diferente para Marte e Vénus, que têm atmosferas dignas do seu nome. É por isso que estes dois corpos celestes também têm uma linha Kárman: para Vénus, esta está a 250 quilómetros da superfície; no caso de Marte, foi fixada em 80 quilómetros.

Para compreender: da nossa linha Kárman, seja a uma altitude de 100 ou 80 quilómetros, dependendo da forma como se olha para ela, a atmosfera não desapareceu. Apenas desvanece. Isto é importante para viagens espaciais próximas da Terra. Para a Estação Espacial Internacional ISS, por exemplo, o efeito de travagem da atmosfera da Terra é um factor muito relevante. Embora a estação orbite a Terra a uma altitude aproximada de 400 quilómetros.

O ESPAÇO PRÓXIMO DA TERRA

O espaço Próximo da Terra tem o seu próprio "clima". É determinado pelo campo magnético da Terra, que forma uma magnetosfera à volta do nosso planeta. Esta magnetosfera é invisível e pode ser grosseiramente comparada à cauda de um cometa. Isto porque a magnetosfera, ou seja, a área efectiva do campo magnético da Terra, é extremamente importante. Ela protege o nosso planeta dos ventos solares, um fluxo de partículas carregadas que emana uniformemente do nosso sol e que nos pelam constantemente. Este vento solar é também responsável pela cauda de um cometa. Em muitas representações triviais, um cometa segue a sua cauda atrás dele, praticamente como o contrailhão de um avião. No entanto, isto não é correcto. A cauda forma-se sempre do lado de tal cometa virado para longe do sol e nada tem a ver com a direcção em que o objecto se está a mover.

Podemos observar o mesmo fenómeno na magnetosfera da Terra. No lado do dia, ou seja, a parte da Terra virada para o Sol, a magnetosfera mede cerca de 60.000 quilómetros. É praticamente comprimida pelo vento solar. No lado nocturno, é dez vezes mais longa, cerca de 600.000 quilómetros, e é aí esticada.

A importância para a nossa terra é gigantesca. Sem a função protectora da magnetosfera, nenhuma vida poderia existir no nosso planeta. Isto acontece porque os ventos solares consistem em hidrogénio ionizado e núcleos atómicos de hélio-4. Este plasma é responsável pelo aumento da radiação que é letal para um ser humano. Podemos até ver a interacção do vento solar com o nosso planeta. As auroras ocorrem quando as partículas do vento solar carregadas electricamente atingem os átomos de azoto e oxigénio da nossa atmosfera e subsequentemente ionizam-nos. A fluorescência resulta da breve mudança do nível de energia. Como o nome sugere, as auroras podem ser observadas nas regiões polares da Terra. Ali, a magnetosfera muda da versão comprimida no lado diurno para a versão em forma de cauda mais longa no lado nocturno da Terra. Isto cria uma espécie de fenda que se encontra nos pólos. Isto permite que o plasma do vento solar chegue à Terra e proporciona a interacção óptica. Isto não é um fenómeno limitado à Terra, mas também pode ser observado noutros planetas. Também aqui, o pré-requisito é a presença de uma atmosfera e de uma magnetosfera. Consequentemente, as auroras não podem ocorrer na Lua, mas podem ocorrer em Marte e Vénus.

A propósito, o vento solar não é completamente contínuo. Durante uma erupção solar, uma maior quantidade de plasma é ejectada. Isto tem um significado (negativo) para nós: se estas tempestades solares, como são frequentemente chamadas trivialmente, forem particularmente violentas, as ligações via satélite podem ser interrompidas. Como os ventos solares são "violentos", resumimos sob o termo clima espacial. Estas situações meteorológicas têm um impacto na nossa vida quotidiana. Como vimos acima, a magnetosfera da Terra interage com os ventos solares nas regiões polares. Isto resulta não só em fenómenos ópticos como a aurora boreal, mas também no aumento da radiação, o que pode ter consequências negativas para o organismo humano. Por esta razão, ao viajar de avião durante as grandes erupções solares, os sobrevoos das regiões polares devem ser evitados.

Portanto, podemos concluir: Há muita coisa a acontecer no espaço próximo da Terra. E ainda nem sequer olhámos para a parte mais importante. É claro que o espaço e a órbita próxima da Terra são marcados pelo homem. Encontramos satélites, vestígios de voos espaciais tripulados e não tripulados e muita tralha lá. Este lixo no espaço orbita a Terra em grande número em várias órbitas. A Agência Espacial Europeia (ESA) estima que há cerca de 600.000 objectos em órbita que têm um diâmetro de cerca de um centímetro ou mais. A NASA identificou mais 13.000 objectos com mais de cinco centímetros de diâmetro. À primeira vista, isto pode não parecer muito perigoso, mas os pedaços de lixo são bastante grandes. Isto deve-se à velocidade relativa destes pequenos detritos. Viajam a cerca de dez quilómetros por segundo, o que transforma mesmo os pedaços mais pequenos numa pequena granada: devido à velocidade, uma partícula de um grama desenvolve uma força explosiva de 12 gramas de TNT. Isto representa definitivamente um perigo para os satélites e para os voos espaciais tripulados. Por esta razão, a Estação Espacial Internacional ISS está equipada com escudos especiais de protecção contra meteoritos que podem resistir ao impacto de uma partícula de detritos deste tamanho.

O ESPAÇO INTERPLANETÁRIO E O MEIO INTERPLANETÁRIO

Se deixarmos para trás um espaço próximo da Terra, entramos no espaço interplanetário. E isto descreve a parte entre todos os objectos sólidos do universo, ou seja, estrelas, planetas, galáxias e assim por diante. Se imaginarmos todo o espaço como um oceano, os objectos nele existentes seriam naves e o espaço intermédio seria água. Mas o espaço é muito menos espectacular do que a nossa ideia de água no oceano. Porque não há realmente muito lá, mas isso não significa "nada". Porque o "nada" está fora do nosso universo. Chamamos ao espaço entre os objectos do nosso sistema solar, como a lua e a terra, o meio interplanetário. No nosso sistema solar, o meio interplanetário é constituído pelo plasma dos ventos solares, gás extremamente diluído, campos magnéticos e partículas de poeira. Se e como um objecto como um planeta interage com o meio interplanetário, depende da presença de uma magnetosfera.

Os cientistas dos séculos passados estavam certos de que o espaço entre os planetas era um vácuo perfeito e completo. Nem partículas nem elementos existiam na sua imaginação. Levou até aos tempos modernos para que a ciência abandonasse esta ideia. Só nos anos 50 é que a ideia foi aceite que o espaço interplanetário não era completamente vazio. Mas os investigadores de há alguns séculos atrás também não estavam assim tão errados. O espaço é um vácuo quase perfeito; na realidade, a densidade é tão baixa que se pode falar com confiança de um vazio. Na representação de filmes de ficção científica, atribui-se mais conteúdo ao espaço do que é mesmo possível. Populares, por exemplo, são cenas de naves espaciais que explodem com uma queda. Esta explosão também é concebível no espaço, no nosso mundo real. Pelo menos se assumirmos que o oxigénio a bordo se inflama e queima. Mas é aí que termina a "explosão de impacto". Não a conseguimos ouvir. A densidade das partículas no espaço é demasiado baixa para o som ser transportado, como seria o caso, por exemplo, com ar, água ou matéria sólida. Outra representação popular é que deve ser amargamente fria no espaço. Isto é verdade, pelo menos em função do local. No entanto, a temperatura não é a mesma em todo o lado. Quanto mais longe está o sol, mais frio fica. No cinturão de asteróides, uma grande colecção de asteróides entre os planetas e Marte e Júpiter, a ciência assume uma temperatura de -73 graus Celsius. Portanto, a temperatura depende da distância do sol e esta relação reflecte-se também na temperatura da superfície dos planetas do nosso sistema solar. Pois não é gélido em todos os lugares do sistema solar. A temperatura de superfície de Mercúrio, que é a mais próxima do Sol, pode atingir os 427 graus Celsius no lado virado para o Sol, enquanto que no lado nocturno pode ser de -173 graus Celsius. No entanto, é necessária uma nota importante: o espaço em si não pode ter uma temperatura, mas apenas a matéria ou radiação nele contida.

O ESPAÇO INTERESTELAR E O MEIO INTERESTELAR

Vamos dar um passo em frente e afastar-nos ainda mais do nosso sistema solar. A área em que estamos agora a entrar é o espaço interestelar. Isto descreve o espaço que fica longe das estrelas, mas dentro de uma galáxia. No caso do nosso sistema solar, a fronteira entre o espaço interplanetário e interestelar pode ser localizada a uma distância de cerca de 18 mil milhões de quilómetros. É aqui que termina a heliosfera, ou seja, a área em que o vento solar do nosso sol é eficaz. Esta fronteira é também chamada de heliopausa. Se olharmos para os componentes, já podemos ver que o meio interestelar ainda é muito mais fino do que o meio interplanetário. Afinal de contas, com o plasma dos ventos solares, falta um componente essencial. Para ser mais preciso, está "frio e escuro" ali. Pelo menos foi assim que os investigadores da NASA comentaram quando a sonda espacial Voyager 1 deixou a heliosfera do nosso sistema solar a 25 de Agosto de 2012 e entrou no espaço interestelar. Esta foi a primeira vez; nenhum outro objecto feito pelo homem tinha conseguido isto até à data. A 5 de Novembro de 2018, a sonda Voyager 2 também atingiu a borda da heliosfera. Isto foi provado pela queda significativa na taxa de contagem de partículas solares. Assim, o espaço interestelar foi alcançado - e, ao mesmo tempo, o limite do nosso sistema solar.

Tal como no espaço interplanetário, o espaço interestelar não está completamente vazio. Os seus componentes são o gás em forma ionizada, molecular e atómica, bem como a poeira interestelar. Este último tem mais do que merecido o seu nome. O seu diâmetro é apenas alguns micrómetros em média e a sua distribuição também pode variar muito dependendo da localização. As análises da composição do gás interestelar permitem tirar conclusões sobre os constituintes das partículas de poeira. Carbono, silicatos, gelo de água e dióxido de carbono congelado são considerados os "principais ingredientes" deste pó. Os cientistas também podem observar visualmente esta poeira: Nuvem a luz que entra. Para além de gás e matéria, o espaço interestelar é também preenchido com diferentes tipos de radiação, tais como raios cósmicos e radiação electromagnética.

O ESPAÇO INTERGALÁCTICO E O MEIO INTERGALÁCTICO

O espaço intergaláctico é o espaço entre galáxias. Ao mesmo tempo, esta é de longe a maior parte do espaço - e do universo. O facto de voltarmos a encontrar o universo aqui não é uma coincidência. Refere-se aos espaços gigantescos que praticamente enchem o Universo. E é aqui que o espaço interplanetário e interestelar chega ao fim, pelo que se deve ter em conta que os limites são fluidos em cada caso. Especialmente na transição entre o espaço interestelar e o espaço intergaláctico. O espaço intergaláctico também se encontra na fronteira do universo, ele engloba praticamente tudo. Isto significa que chegámos aqui à maior unidade possível. Este espaço consiste essencialmente em gás hidrogênio livre. Mas ali, na vastidão do espaço, não há muito a acontecer. Em um metro cúbico de espaço, existem apenas dez átomos. Há, no entanto, secções onde se diz que muita coisa se passa. A astronomia subdividiu-as. No chamado meio intergaláctico quente/quente e no meio intercluster.

Diz-se que o meio quente/quente tem temperaturas elevadas - como o nome sugere - e consiste em hidrogénio e hélio sob a forma de nuvem. O gás ionizado causa graus elevados, variando entre 100.000 e 10 milhões de graus Kelvin. Há uma sugestão de que 40 a 50 por cento da matéria bariónica existe como um meio intergaláctico quente/quente.

O espaço entre galáxias dentro de aglomerados de galáxias, por outro lado, é chamado o meio intercluster. Também aqui se encontram temperaturas enormemente elevadas, mas o calor é ainda maior: entre 10 e 100 milhões de graus Kelvin são aqui assumidos. O meio intercluster também consiste principalmente em massa bariátrica, ou seja, hidrogénio e hélio. No entanto, também aí se encontram átomos mais pesados, por exemplo, ferro. Podemos até "ver" esta mistura num sentido figurativo: o meio intercluster emite raios X, que podemos medir na Terra.

GALÁXIAS E ESTRELAS

Uma galáxia é uma colecção de estrelas, nebulosas, sistemas planetários e outros objectos astronómicos e, portanto, tudo o que podemos descobrir no universo. É tudo mantido unido pela gravidade, que conhecemos muito bem. As galáxias vêm em várias formas, tais como aglomerados de galáxias, nos quais um grande número de galáxias se encontram relativamente próximas umas das outras. Um aglomerado de galáxias consiste em aproximadamente cem a mil galáxias individuais que interagem umas com as outras. Existe um número quase infinito destes aglomerados de estrelas no Universo. Uma galáxia é também o local de nascimento de novas estrelas. Contudo, se e com que intensidade isto acontece, varia muito. Pois existe uma multiplicidade de galáxias. Só da Terra, cerca de 50 mil milhões de galáxias podem ser identificadas. Para ilustrar o tamanho, vamos fazer uma comparação: se o universo é uma cidade, então uma galáxia é como uma rua com um grande número de casas ao longo dela. Cada uma destas casas representa uma estrela e os planetas que a rodeiam são os quartos individuais. Tal como as cidades na nossa Terra, as galáxias também diferem em forma e tamanho. A nossa Via Láctea, por exemplo, seria uma verdadeira metrópole. Com uma extensão de cerca de 200.000 anos-luz, é considerada uma das maiores galáxias.

A galáxia mais próxima de nós é Andrómeda, que está a cerca de 2,5 milhões de anos-luz de distância.

Nem todas as galáxias são iguais. Há um total de quatro categorias diferentes, que se distinguem de acordo com a chamada classificação de Hubble. Um representante bem conhecido é a galáxia espiral, que se nos parece algo como um redemoinho. Isto é devido à rotação intrínseca da galáxia. Dentro desta colecção de estrelas encontra-se um "bulge", que forma o centro das galáxias espirais. Os braços em espiral começam a partir deste ponto e podem diferir muito na aparência. Na "protuberância", quase não se formam novas estrelas, mas isto é possível nos braços em espiral. Visualmente, tais galáxias assemelham-se a discos a flutuar no espaço. Consequentemente, são também chamadas galáxias de discos.

As galáxias elípticas têm - como o nome sugere - uma forma elíptica e são normalmente encontradas em grandes aglomerados de estrelas. Presumivelmente, estas galáxias são o resultado da fusão de galáxias mais pequenas. Novas estrelas são raramente formadas aqui devido à falta de gás frio; as estrelas dentro das galáxias elípticas são geralmente velhas e vermelhas. Tais galáxias não têm os braços espirais característicos.

As galáxias lenticulares são um híbrido de galáxias elípticas e em espiral. A sua estrutura interior é mais semelhante à de uma galáxia em espiral, mas não têm braços em espiral. As galáxias irregulares são ainda mais exóticas. Este tipo não se ajusta a nenhuma das características mencionadas. Não têm uma forma elíptica nem braços em espiral e emitem muito pouca luz. Por outro lado, são bastante comuns no universo. Para além destas quatro categorias principais, existem também muitos subgrupos de galáxias, como as galáxias de rádio ou quasares.

Como surgem estas diferenças é um subcampo da astronomia ao qual a ciência está a dedicar muita atenção. É igualmente pouco claro como as galáxias se formam em primeiro lugar. É claro que existem teorias sobre isto. Diz-se que as galáxias espirais, por exemplo, foram formadas por nuvens de gás rotativas pouco depois do Big Bang. Diz-se que as galáxias elípticas foram formadas como produto de uma colisão (ou melhor: fusão) de duas galáxias espirais. Em princípio, pode concluir-se que as galáxias espirais são mais antigas do que as elípticas.

Particularmente importante é a tese de que no centro de cada galáxia havia um buraco negro supermassivo que era originalmente uma densa nuvem de gás que acabou por colapsar. Este processo provocou o aquecimento do gás circundante. Diz-se que esta reacção tornou possível a formação de estrelas (e planetas) em primeiro lugar.

E aqui chegamos a outra questão importante: Como é que as estrelas se formam? Sem dúvida, estrelas como o nosso sol desempenham um papel fundamental no universo. Elas fornecem a energia que é responsável por muitos processos no espaço. Enquanto o nosso sol foi o motor da emergência da vida no planeta Terra, é também capaz de transformar um planeta comparativamente quente como Marte num planeta desértico gelado.

A receita básica de qualquer estrela é uma nuvem de gás constituída por hidrogénio. Num ponto de viragem significativo, por exemplo devido ao impacto da energia vinda do exterior, esta nuvem desmorona sob a sua própria gravidade. A nuvem de gás torna-se cada vez mais densa e a pressão aumenta. Isto cria nuvens de gás mais pequenas e densas no interior da antiga grande nuvem. Destas, depois de a pressão ter aumentado ainda mais, acabam por se formar estrelas. Isto acontece normalmente em grupos - as estrelas quase nunca se formam individualmente. Uma maior contracção liberta forças gravitacionais que provocam o aquecimento. Aqui ainda se fala de um chamado protostar. Uma estrela não se formou até a temperatura iniciar a fusão nuclear: O hidrogênio queima até ao hélio. Este processo também tem lugar no nosso sol.

Para classificar as estrelas, a ciência utiliza a sequência principal, que praticamente descreve os ciclos de vida de um corpo celeste deste tipo. Esta classificação tem lugar a partir das letras O a M, não é por ordem alfabética. Em vez disso, descreve as suas classes espectrais. Dependendo da sua idade, as estrelas jovens brilham a azul, outras a vermelho. Basicamente, quanto mais avermelhada uma estrela brilha, mais velha ela é. Já ouvimos falar disto. De estrelas jovens a estrelas velhas, há um total de sete divisões diferentes dentro da série principal. O (luz azul, precoce), B (azul-branco, precoce), A (branco, precoce), F (branco-amarelo, médio), G (amarelo, médio), K (laranja, tardio) e M (vermelho-alaranjado, tardio). Encontramos o nosso sol na categoria G. Basicamente, 99 por cento das estrelas descobertas podem ser classificadas nesta linha de sequência principal. Os ciclos de vida são, portanto, largamente uniformes. Mas há também excepções à sequência principal com as anãs castanhas e gigantes vermelhas. Devido à sua raridade, porém, estas classes tendem a desempenhar um papel subordinado na astronomia.

Dentro da sequência principal, as estrelas diferem não só na cor mas também na massa, o principal critério de classificação. No decorrer de milhões de anos, as estrelas encolhem devido ao processo de fusão. A massa do nosso sol, por exemplo, era 60 vezes superior há muitos anos. Ainda perderá cerca de 60 por cento até chegar ao fim da sequência principal ou desce da sequência principal. Porque isso também é bastante possível.

Mas ainda vai demorar algum tempo até lá. Algumas estrelas - incluindo o nosso sol - saem com um estrondo. No fim do seu ciclo de vida, uma estrela torna-se um gigante vermelho e/ou uma anã branca ou uma supernova, uma explosão gigantesca cuja luz é mais brilhante do que a própria galáxia.

Para alcançar este estado, precisamos de olhar mais de perto para as massas das estrelas. Quanto maior for uma estrela, mais rápido ela arde. Estrelas grandes e maciças precisam apenas de algumas centenas de milhares de anos para o fazer. As estrelas mais pequenas têm assim uma "vida" mais longa. O nosso sol, por exemplo, não consumiu sequer metade da sua energia. Em geral, o hidrogénio é queimado até ao hélio dentro de uma estrela durante a parte mais longa da sua vida. Este período cobre geralmente cerca de 90 por cento da sua vida útil total. Nas últimas fases do período de combustão, os núcleos do hélio fundem-se. Isto só é possível se houver pressão e calor suficientes. Quando este processo começa, as estrelas deixam a sequência principal. O destino que agora se segue é essencialmente determinado pela massa de uma determinada estrela. Em geral, três cenários são concebíveis. Estrelas de baixa massa, que têm até um terço da massa do nosso Sol, saem completamente após o processo de fusão, contraem-se e tornam-se numa anã branca. A coloração é causada pelo calor gerado por esta contracção, que também se enfraquece gradualmente e se apaga. A estrela permanece como uma anã negra. Com estrelas que têm aproximadamente a massa do nosso sol, os acontecimentos já são um pouco mais precários. Uma vez que a fusão do hélio começa, a estrela muda de forma espectacular. Ao aumentar a potência e a temperatura dentro da estrela, o corpo celeste expande-se até 100 vezes o seu raio e torna-se um gigante vermelho. Após a queima do hélio estar completa, ocorre uma contracção para uma anã branca, que também se torna numa anã negra. Nas estrelas maciças, o fim ainda não é alcançado durante a queima do hélio. Uma vez que o hélio se funde, o carbono queima subsequentemente também se queima. O resultado deste processo é a formação de uma variedade de elementos até ao ferro. Uma vez que estes elementos não queimam mais, o combustível é efectivamente consumido. É assim que uma supernova pode ocorrer. A pressão interna conseguida pela fusão cai rapidamente e a estrela colapsa. Primeiro, porém, todos os outros elementos "combustíveis" são fundidos por uma reacção em cadeia - até ao silício, cuja combustão leva apenas alguns dias. Uma vez que todos os materiais combustíveis tenham reagido ou queimado, o núcleo desmorona. Em milissegundos, a estrela colapsa e a parte mais interna do núcleo é constituída apenas por neutrões. Estes são criados quando os electrões são "espremidos" em prótons, devido às enormes condições de pressão. A um certo ponto, a estrela de neutrões estabiliza e forma-se um buraco negro. Mais tarde, saberemos mais sobre este fenómeno em particular. Mas uma vez atingido este estado, uma onda de choque maciça é criada e explode para fora do núcleo de ferro de uma estrela. Isto inicia outra fusão, criando elementos pesados como a prata, o cobre, o ouro e o urânio. Pensa-se que metade dos depósitos destes elementos nos planetas provêm de supernovas. Há vários cenários sobre o que resta da antiga estrela após uma supernova. Dependendo da massa, esta pode ser uma nebulosa, uma estrela de neutrões ou o buraco negro já mencionado.

Uma explosão estelar não só liberta uma quantidade gigantesca de energia. Também liberta um elevado nível de radiação gama. Se tal supernova ocorresse perto do nosso sistema solar (num raio de cerca de 100 anos-luz), teria consequências fatais para o nosso planeta. A radiação destruiria a nossa camada de ozono, o que poderia levar à extinção em massa.

No entanto, o cenário descrito é apenas uma possibilidade de como uma supernova pode ter lugar. Há uma multiplicidade de processos diferentes. Isto depende principalmente da massa da estrela, mas também do seu ambiente, por exemplo, quando uma estrela dentro de um sistema binário se transforma em supernova.

- Capítulo 7 -

A NOSSA POSIÇÃO NO UNIVERSO

Se olharmos para o universo como tal, sabemos muito bem sobre as suas dimensões. Afinal de contas, a matemática torna-o possível. Tiramos daqui dois conhecimentos básicos:

1. o universo é incrivelmente grande.

E 2: Não estamos.

A massa do nosso planeta natal é uma fracção minúscula de todo o universo. Mesmo comparada com a nossa estrela mais próxima - o Sol - a Terra não corta uma boa figura, pelo menos quando se trata de tamanho absoluto. De facto, a Terra não é mais do que um grão de pó algures no espaço. Como se isso não fosse suficiente, não só somos minúsculos numa escala cosmológica, como nem sequer podemos viajar para galáxias distantes, apenas as podemos ver. E mesmo o que vemos não está apenas a uma eternidade percebida, mas também a uma eternidade antiga!

No entanto, a humanidade tem uma grande vantagem: um espírito de investigação e curiosidade. Pois a mera consciência do facto de que nós temos a nossa existência num planeta pequeno e desempenhamos um papel absolutamente sem importância no universo, aproxima-nos um passo para compreender melhor a totalidade dos processos no universo. Esta compreensão trouxe-nos não só o conhecimento do que somos, mas também onde estamos. Com um grau de precisão justo, podemos localizar a posição do planeta Terra na quase infinita extensão do universo. É claro que nem sempre foi este o caso. Durante muito tempo, os nossos antepassados estavam muito seguros de que a Terra era o centro do Universo. Esta ideia simples mas arrogante foi chamada a visão do mundo geocêntrica. Esta teoria afirma que todos os corpos celestes giram em torno da Terra. É claro que não é este o caso. Contudo, aos pensadores daquela época faltava a compreensão de que o universo vai muito mais longe do que para os planetas mais próximos, alguns dos quais podemos ver a olho nu. Com o conhecimento actual da astronomia, esta visão do mundo parece abstrusa, claro, mas para o mundo da Idade Média não o era. Onde mais deveria a terra estar localizada como a coroa da criação divina, se não no centro de tudo? Na Renascença, a época que se seguiu à Idade Média, foram sobretudo os astrónomos Nicolaus Copérnico e Johannes Kepler nos séculos XV e XVI que viraram esta ideia do avesso. De acordo com a sua concepção, a terra já não deveria estar no centro do universo, mas sim no sol. Esta visão é chamada a visão heliocêntrica do mundo. Assim, a ciência estava, nessa altura, um passo à frente. E foi também dada uma explicação para as estrelas: Dizia-se que as estrelas supostamente fixas eram fixadas numa espécie de cúpula em torno do sistema solar. Assim, o universo foi imaginado como uma espécie de globo de neve com as estrelas fixas à sua parede exterior.

A ideia de um universo heliocêntrico era significativa não só em termos astronómicos. Para a Igreja Católica, a ideia de que a Terra não podia ser o centro de tudo era inaceitável. Até o Papa Urbano VIII se dedicou à ideia herege. O astrónomo dinamarquês Tycho Brahe chegou mesmo a desenvolver um compromisso entre uma visão geocêntrica e heliocêntrica do mundo para acalmar os nervos da Igreja. A terra devia ficar parada e ser orbitada pela lua e pelo sol. Os outros planetas, por outro lado, deveriam continuar a orbitar o sol. Este sistema caótico pode ter sido um acordo para muitos líderes da Igreja, o que assegurou uma maior aceitação. No entanto, a ideia contradizia completamente o estado do conhecimento da investigação moderna, especialmente quando se tratava das leis da gravidade.

Levou algum tempo até que a doutrina de que o nosso sol não é o centro do universo fosse aceite. Só por volta de 1930 é que a ciência abandonou completamente a ideia de uma visão heliocêntrica do mundo. A principal razão para isto foi que outras galáxias fora da nossa foram gradualmente descobertas. Esta tomada de consciência suavizou lenta mas firmemente a opinião de que a Terra, o Sol e os planetas que as orbitam devem ser algo de especial e único. Tornou-se óbvio que deve haver muito mais lá fora do que o nosso sistema solar controlável.

A ideia que daí emergiu é o princípio cosmológico, que foi introduzido em 1933 pelo físico inglês Edward A. Milne. Milne descreveu pela primeira vez que o universo é homogéneo e isotrópico. Em geral, o princípio cosmológico é um pilar fundamental do actual Modelo Padrão de cosmologia, ou seja, a visão de que o universo surgiu do Big Bang e de como evoluiu desde então. Embora algumas questões tenham ficado por responder, já aprendemos bastante sobre as propriedades do universo. Se tomarmos isto como base, podemos encontrar uma resposta para a pergunta: Onde estamos nós no universo? No processo, os nossos antepassados já apresentaram duas hipóteses que podemos definitivamente descartar.

Por um lado, a terra não está no centro do universo, e por outro, também não encontramos ali o nosso sol, em torno do qual a terra orbita. Então, onde estamos nós? Antes de mais nada: estamos dentro do universo. Isto é especialmente importante porque não há "nada" fora do universo. Neste caso, nada significa realmente nada: não importa, não há espaço, não há tempo. Agora temos de nos diferenciar novamente em si mesmos. Já ouvimos falar sobre o universo observável e não observável. Como lembrete, já não nos chega mais luz da parte do universo que não podemos observar. Sem dúvida que podemos ver e explorar bastante bem o universo que nos rodeia, pelo que somos parte do universo observável. Até agora, tão evidente por si mesmo.

Mas agora torna-se um pouco mais complicado. Com base em simulações e observações, a ciência tem a certeza de que o universo é construído como um favo de mel. Existem estruturas, ou seja, acumulações de matéria (os chamados filamentos) e lacunas (os chamados vazios) nas quais não encontramos qualquer matéria. Com esta afirmação, é importante ter em mente o que já aprendemos nos capítulos anteriores: Mesmo nestes vazios, o universo não é vazio ou mesmo um vácuo - é meramente livre de matéria (visível). Os filamentos estão dispostos de uma forma que se assemelha a cordas ou fios. Dentro destas estruturas encontramos as colecções de betão da matéria no universo, tais como galáxias. Os filamentos ligam aglomerados de galáxias, ou seja, aglomerados de vários milhares de galáxias, bem como superaglomerados, que por sua vez são aglomerados de numerosos aglomerados de galáxias e podem ser facilmente observados. E é precisamente num destes filamentos que se encontra a Terra. Mas ainda estamos longe de uma localização exacta. Pois o nosso "filamento cósmico da matéria" tem dimensões gigantescas. Segundo os conhecimentos actuais, o nosso filamento contém o Grupo Local (o aglomerado de galáxias ao qual a Via Láctea também pertence), outros aglomerados de galáxias, o centro do Supercluster Virgo, o Supercluster Coma e o Supercluster Leo. Estas dimensões são enormes e diz-se que o filamento tem uma extensão de até 400 milhões de anos-luz. Um dos aglomerados de matéria acima mencionados é de particular importância: O Supercluster Virgo. Ele contém o aglomerado da galáxia Virgo, que forma o centro de gravidade nesta área, da qual o supercluster recebeu o seu nome. No total, diz-se que o Supercluster Virgo tem 100 a 200 aglomerados de galáxias.

E um deles é o já mencionado grupo local. Lenta mas seguramente, estamos a aproximar-nos do objectivo. No grupo local está a Via Láctea e, por conseguinte, a nossa galáxia natal. Dentro deste grupo está também o nosso vizinho directo, a Galáxia Andrómeda, bem como muitas pequenas galáxias anãs. De acordo com uma simulação por computador, deve haver até 800 galáxias pequenas e individuais. Basicamente, todas as galáxias e objectos num raio de cinco a oito milhões de anos-luz são contados como parte do Grupo Local. Para nós, no entanto, a Via Láctea é decisiva e, portanto, a galáxia para a qual o sistema solar com a Terra também é contado. O nome vem do facto de podermos observar a nossa galáxia e parece uma faixa leitosa no céu nocturno. Esta observação é mesmo possível a olho nu, de modo que este desvio óptico já era notado pelos estudiosos da antiguidade. No entanto, os pensadores da época não estavam, naturalmente, conscientes do seu significado como galáxia. Nem esta observação é demasiado fácil de fazer: As estrelas individuais não são reconhecíveis na chamada faixa da Via Láctea.

Além disso, nós próprios estamos no meio disto. É por isso que a observação da estrutura da Via Láctea é difícil para os astrónomos. É praticamente como se quiséssemos olhar para o telhado de uma casa, mas, ao mesmo tempo, estamos exactamente nessa casa. Além disso, a luz que chega é absorvida por poeira interestelar, o que torna a observação mais difícil. É também daqui que provém a aparência leitosa. E isto resulta no facto de que a Via Láctea é comparativamente pouco explorada. Outras galáxias mais distantes são muito mais fáceis de observar e analisar, porque a sua estrutura global é visível e observável. É por isso que as teorias sobre a Via Láctea se baseiam frequentemente em suposições, por exemplo quando se trata da massa total. Por exemplo, o número total de estrelas na Via Láctea é por vezes dado como cerca de 100 biliões de estrelas, por vezes como 300 biliões. Além disso, diz-se que os espaços intermédios são preenchidos com matéria interestelar e a hipotética matéria escura. Suspeita-se que a Via Láctea é também muito maciça. A massa total está estimada em 1500 mil milhões de massas solares. Diz-se que a galáxia vizinha imediata - a Galáxia Andrómeda - tem uma massa de apenas 800 mil milhões de massas solares. Este nem sempre foi o caso na investigação.

Durante muito tempo, a Galáxia Andrómeda foi considerada mais maciça do que a Via Láctea.

Uma das estrelas da Via Láctea é o nosso Sol. Orbita o centro da galáxia a uma distância estimada de 25.000 a 28.000 anos-luz, a uma velocidade presumida de cerca de 220 km/s. Uma órbita em torno do centro da Via Láctea demora cerca de 225 a 250 milhões de anos. O nosso sistema solar está localizado no chamado braço Orion dentro de um arranjo conhecido como a Bolha Local. O nosso Sol partilha esta bolha com as estrelas Antares e Beta Canis Majoris. Aqui, prevalecem circunstâncias especiais no que diz respeito à massa. A Bolha Local é, em grande parte, livre de pó. Dentro desta bolha, o sistema solar está localizado noutra área autónoma, o Floco Local. Este floco é constituído por matéria interestelar e está actualmente a ser atravessado pelo sistema solar à medida que orbita o centro da Via Láctea. Com o Floco Local, há muito que chegámos ao microcosmo do universo. E lentamente estamos a aproximar-nos de um território familiar: A borda do sistema solar. Deixem-me lembrar-vos mais uma vez: esta borda está localizada onde as forças gravitacionais do sol já não têm efeito. E embora nos tenhamos aproximado consideravelmente da Terra, ela permanece não menos misteriosa. No nosso caminho no universo de dentro para fora, após a borda do sistema solar, passamos as nuvens de Oort, uma grande colecção de objectos astronómicos mesmo na "área de entrada" do sistema solar. Ou não é? Os astrónomos ainda não conseguem responder se a Nuvem de Oort realmente existe ou não. A sua existência é, portanto, hipotética. Esta nuvem é suposta abranger o sistema solar como duas conchas. A ideia deste modelo foi apresentada pelo astrónomo holandês Jan Hendrik Oort. Oort viu esta nuvem como o local de origem dos cometas. Anteriormente, supunha-se que os cometas eram originários das regiões conhecidas do nosso sistema solar. Contudo, Oort duvidava disso, pois os cometas já deviam ter sido destruídos há muito tempo pela acção de fortes ventos solares. Segundo a teoria do investigador, a nuvem de Oort deveria ser encontrada a uma distância de 1,6 anos-luz do sol. No sistema solar, esta é uma distância considerável e distante do planeta mais próximo, Neptuno. Diz-se que a nuvem é constituída por um número confuso de objectos rochosos e gelados, mas também pó.

Estes objectos devem ser irritados pelos campos gravitacionais das estrelas mais próximas e desviados para o sistema solar interno. No entanto, não pode acontecer que os cometas tenham origem exclusivamente na suposta Nuvem de Oort: eles poderiam igualmente ter origem no Cinturão de Kuiper. Esta teoria tem a vantagem de provar a existência do Cinturão de Kuiper. Dentro deste cinto em forma de anel e plano move-se, por exemplo, o planeta anão Plutão, que é contado entre os "Grandes Objectos do Cinturão de Kuiper". Um total de oito desses objectos, cujos diâmetros são superiores e próximos dos 1000 quilómetros, são conhecidos; Plutão, que em tempos foi definido como um planeta por direito próprio, é o maior destes objectos. Além disso, diz-se que existe um grande número de objectos mais pequenos neste cinturão. No entanto, estima-se que pouco menos de 70.000 destes objectos tenham um diâmetro de cerca de 100 quilómetros. Quando passamos este limite no sistema solar, entramos numa área onde nos sentimos imediatamente mais em casa. Entramos primeiro no Sistema Solar Exterior com os planetas Netuno, Urano, Júpiter e Saturno e depois no Sistema Solar Interior com Marte, Vénus, Mercúrio e, claro, a nossa Terra.

No entanto, trataremos destes vizinhos em pormenor mais tarde. Afinal de contas, as propriedades dos nossos planetas vizinhos dão-nos uma ideia do que poderia eventualmente esperar-nos em todo o universo se pudéssemos não só observar galáxias distantes, mas também viajar até elas. Por mais bela que esta ideia possa ser, no entanto, viajar para mundos distantes fora do nosso sistema solar é, na melhor das hipóteses, uma tarte no céu, e isso é colocá-la de forma optimista.

- Capítulo 8 -

COMPREENDER O UNIVERSO: O NOSSO SISTEMA SOLAR

Temos estado a olhar para a nossa posição no universo. Ao fazê-lo, temos vagueado de dentro para fora, do limite do universo observável para a nossa vizinhança. Como um mapa interactivo em que continuamos a fazer zoom. Já tropeçámos em alguns segredos nesta viagem. Isto é verdade para as regiões distantes onde os filamentos são as estruturas definidoras, tal como é verdade para os limites imediatos do nosso sistema solar, onde se diz estar localizada a Nuvem de Oort hemisférica.

Notamos: em questões grandes e pequenas, somos repetidamente confrontados com objectos e teorias hipotéticas. Antes de mais, a teoria da matéria negra, cuja existência não foi provada mas deve estar presente no sentido da física. Mesmo que muitos processos no universo sejam facilmente observáveis e descritíveis, os mistérios que ainda têm de ser decifrados são omnipresentes. Afinal de contas, o nosso planeta natal é muito bem explorado - mas certamente não completamente. Estamos mais conscientes das condições na lua do que das condições que prevalecem nas profundezas do mar. Estas partes mais profundas dos oceanos são também de alguma importância para os astrónomos. Afinal, as condições lá são comparáveis às profundezas do espaço: não há luz, está frio e há uma enorme pressão. Assim, se olharmos para a nossa vizinhança e para o nosso planeta em si, podemos tirar algumas conclusões sobre como é que é em galáxias distantes. Pois os objectos do nosso sistema solar com planetas rochosos e gigantes de gás não são certamente únicos. Com a excepção da Terra, claro. Porque as condições no nosso planeta trouxeram vida e isso é único até agora.

No entanto, o sistema solar oferece uma multiplicidade de desvios e mistérios que ainda precisam de ser resolvidos. É por isso que nos dedicamos agora aos planetas do nosso sistema, que são tão excitantes como misteriosos. E: eles estão ao nosso alcance, podem ser analisados com sondas e para alguns corpos celestes uma missão tripulada é mesmo uma possibilidade. Em geral, os investigadores concordam que cada estrela deve ter pelo menos um planeta. No nosso sistema solar existe uma multidão de corpos celestes que não poderia ser mais diferente. Planetas desérticos brilhantes, luas geladas, oceanos subterrâneos, lagos de enxofre fervente e gigantes de gás com uma massa gigantesca. Um olhar sobre o nosso sistema solar é sempre um olhar sobre o universo como um todo. Porque é aí que reunimos o conhecimento que também podemos aplicar aos milhares de milhões de outros planetas. Só temos de os descobrir. Por isso, vamos primeiro olhar mais de perto para os planetas do nosso sistema solar. E uma coisa é certa: o nosso sistema solar é como o próprio universo e contém uma multiplicidade de segredos que estão à espera de serem finalmente resolvidos.

O SOL

A estrela no nosso sistema solar determina simplesmente tudo. O sol é como um reactor de fusão e produz energia incessantemente. Para comparação: por segundo, o sol liberta tanta energia como todas as centrais nucleares na Terra em 750.000 anos. Esta energia tem uma grande influência sobre todos os objectos do sistema solar. É responsável (entre outras coisas) pelo facto de a vida poder desenvolver-se na Terra - ao mesmo tempo, deixa tudo morto e estéril, especialmente se, como é o caso da nossa Terra, um campo magnético não deflecte os ventos solares actuantes e de alta energia. Vejamos mais de perto as propriedades do sol.

O Sol é uma estrela anã. No entanto, a designação é um pouco enganadora. É uma estrela de tamanho médio (em comparação com outras estrelas). No entanto, é enorme pelos nossos padrões: o Sol tem cerca de 110 vezes o tamanho da nossa Terra e a massa total é 330.000 vezes superior. Uma vez que estamos bem conscientes das relações de massa de todos os outros objectos do sistema solar, podemos calcular que o Sol representa 99,86 por cento da massa total do sistema solar. Isto também explica a elevada força gravitacional que emana da estrela e mantém os planetas na sua órbita.

O sol consiste principalmente em 92,1 por cento de hidrogénio. Outro elemento comum é o hélio, que constitui cerca de 7,8% da composição. Assim, encontramos imediatamente um paralelo com a massa bariónica, que é estruturada de forma semelhante. No entanto, existem outros elementos que se encontram em quantidades menores. Os últimos 0,1 por cento são partilhados por gases nobres como o néon, mas também nitrogénio, carbono e oxigénio.

Tal como a Terra, o Sol tem um núcleo quente. Ali prevalecem condições incómodas. A temperatura é de 15,6 milhões de graus Kelvin e a pressão é também enorme a 200 mil milhões de bar. Para comparação: a pressão num pneu de automóvel é de 2,5 bar, no mar profundo atinge 400 bar. Isto é elevado por padrões terrestres, mas não comparável com as condições inimagináveis no núcleo do sol, que os números puros já exprimem de forma clara.

Se olharmos para o sol de dentro para fora, vemos que a densidade continua a diminuir. Eventualmente torna-se tão baixa que os fotões (isto é, "partículas de luz" ou radiação solar) podem penetrar para o exterior sem maior resistência. Chamamos à região de densidade decrescente a fotosfera, e é largamente responsável pela forma como percebemos o sol de forma óptica - como um objecto amarelo brilhante no céu. No entanto, a cor da luz do sol depende da posição do observador e das circunstâncias. Se o sol for visto do espaço, aparece branco puro. Isto também pode ser comprovado por fotografias tiradas pelos astronautas. A luz do sol na superfície da lua parece-nos fria e branca, como se fosse iluminada por um tubo de néon. Isto é devido à atmosfera muito fraca do nosso satélite. A atmosfera da Terra, no entanto, tem uma composição diferente. Devido à refracção da luz solar sobre as moléculas do nosso ar, que consistem essencialmente em azoto, oxigénio, dióxido de carbono e vários gases nobres, a luz do sol aparece mais amarela do que branca. Isto pode variar dependendo da posição do sol ou da hora do dia. A luz de ondas longas é mais fortemente dispersa pelas moléculas do ar. É por isso que a cor da luz nos aparece vermelha ou avermelhada ao nascer ou ao pôr-do-sol. Quando a luz de ondas curtas atinge as moléculas da atmosfera terrestre, parece-nos azulada. Esta circunstância é responsável pela cor azul do céu.

Observar o sol a olho nu não é uma boa ideia na maioria dos casos. Parece desagradavelmente brilhante e pode causar danos à saúde da retina. Isto torna-se claro quando se observa um eclipse solar. Quando a lua se move em frente ao sol, percebemos a luz como mais suave. No entanto, existem os mesmos perigos quando nos fixamos no sol desobstruído com os nossos olhos nus. Normalmente, nem sequer pensamos em olhar directamente para o sol, porque o imenso brilho é percebido como desagradável e doloroso. No entanto, um fenómeno cosmológico como um eclipse solar proporciona um incentivo visual para tentar. Por esta razão, são emitidos avisos antes de tais eventos para não olhar directamente para o sol e são oferecidos à venda óculos de protecção apropriados. Estes evitam danos não só da luz directa, mas também da luz ultravioleta e da radiação infravermelha. Os óculos de sol normais são de pouca utilidade aqui; o seu efeito de protecção não é suficiente para a "classe de peso" da luz solar. Os óculos de protecção utilizados para soldadura não têm o mesmo efeito que um dos óculos especiais para observar um eclipse solar e, portanto, nunca devem ser utilizados para olhar para o sol.

O sol não é um objecto rígido que emite luz de forma consistente. Não é portanto uma lâmpada cósmica que irradia uniformemente, mas um corpo celestial altamente energético. A energia emitida está sujeita a flutuações, há mesmo erupções regulares. Podemos vê-las nas chamadas manchas solares, que já podem ser observadas muito bem com um telescópio astronómico. O termo mancha solar descreve o que é. As manchas mais escuras destacam-se claramente da área circundante. A coloração mais escura é causada por uma temperatura reduzida. Isto é comparável a erupções vulcânicas na Terra e aos fluxos de lava resultantes: o magma mais frio é mais escuro do que o magma quente. As manchas solares são mais frias e, portanto, emitem menos luz. A razão pela qual a superfície do sol é mais fria em alguns locais resulta do campo magnético. Campos magnéticos temporária e localmente limitados impedem o transporte de calor do interior da estrela para a superfície. Se observarmos uma tal mancha solar, ela aparece mesmo quase preta - semelhante à rocha mais fria no caso da lava acima mencionada. "Negra" no verdadeiro sentido, no entanto, não é. Ainda há muita actividade. As manchas solares só aparecem tão escurecidas porque parecem negras ao olho humano em relação ao ambiente extremamente brilhante. No conjunto, a quota de luz emitida ali é reduzida em cerca de 70%, mas não é completamente "posta em espera". As temperaturas também são diferentes: enquanto a área convencional do sol tem uma temperatura de cerca de 5770 graus Kelvin, o núcleo de tal mancha solar tem "apenas" cerca de 4270 graus Kelvin. As manchas solares são um fenómeno que pode ser observado com frequência, mas que ocupa áreas relativamente pequenas. Segundo a ciência, as manchas solares representam apenas uma percentagem máxima de 0,4 por cento da superfície total do sol. No entanto, são significativas. Isto porque uma mancha solar pode resultar numa chamada ejecção de massa coronal, ou seja, uma ejecção descontrolada de massa solar de alta energia. Tal ejecção de massa pode ocorrer quando o campo magnético responsável pela formação de uma mancha solar desaba repentinamente. Estas ejecções de massa são também chamadas de erupções. Durante estas ejecções explosivas, uma enorme quantidade de plasma é ejectada. Este plasma consiste principalmente de prótons e electrões. Mas os núcleos atómicos de elementos mais pesados, como oxigénio ou ferro, também fazem parte desta ejecção em menor escala. Para nós, humanos, a vida na Terra não é, na sua maioria, afectada por tais erupções. Isto porque tal ejecção raramente é ejectada em direcção à Terra. No entanto, se for este o caso, os efeitos são muito perceptíveis - e podem mesmo ser observados. Estes eventos são também chamados tempestades solares. Podemos detectar facilmente o aumento da actividade solar devido ao aumento da frequência das auroras a olho nu. Isto acontece porque a tempestade solar perturba o campo magnético da Terra. Dependendo da intensidade, também podem ocorrer danos, por exemplo, nos satélites que orbitam a Terra. A interferência com as emissões de rádio também é possível. A maior tempestade solar alguma vez registada ocorreu em 1859 e é também conhecida como o Evento Carrington, depois do cientista Richard Christopher Carrington. Entre outras coisas, a tempestade levou a fenómenos ópticos sem precedentes: Auroras, que em circunstâncias normais são mais susceptíveis de serem encontradas nas latitudes norte, poderiam ser observadas em Roma ou no Hawaii. Mas a tempestade de Carrington também teve um efeito catastrófico sobre a tecnologia das comunicações da época. Na América do Norte, os receptores das linhas telegráficas incendiaram-se: os fios que nelas se encontravam tornaram-se tão carregados electricamente que as tiras de papel sobre as quais a mensagem telegrafada devia ser vista explodiram em chamas. Uma vez que a tecnologia da época era menos baseada na electricidade do que é hoje, o resultado não foi grave. Hoje em dia, uma tal tempestade solar superlativa teria efeitos devastadores na Terra. Como mencionado, as chamas e as tempestades solares resultantes ocorrem com mais frequência. No entanto, muito poucas delas atingem a Terra. Em média, uma tal tempestade atinge a Terra apenas a cada 500 anos. Os investigadores conseguiram descobrir isto através da análise de perfurações do núcleo de gelo. Em 2014, os cientistas da NASA anunciaram que dois anos antes, em 2012, uma tal tempestade quase não atingiu a Terra. Este evento teve a mesma intensidade que o evento de Carrington de 1859.

O MERCÚRIO

Se caminharmos do sol em direcção à borda do sistema solar, inevitavelmente chegamos primeiro a Mercúrio. O pequeno e rochoso planeta está praticamente indefeso contra o poder altamente explosivo do sol e as suas erupções e ventos solares. Não há atmosfera, pelo menos não como a conhecemos da Terra. À semelhança da lua do nosso planeta, a atmosfera é muito fina, tão fina que quase se assemelha a um vácuo. Apenas hidrogénio e hélio estão presentes em maiores quantidades, presumivelmente não de Mercúrio em si, mas do vento solar. A própria superfície liberta oxigénio, gás potássico e gás de sódio. Devemos ter em conta que estes elementos são distribuídos em quantidades muito pequenas na atmosfera. No total, a massa completa da atmosfera de Mercúrio pesa apenas cerca de uma tonelada. Além disso, a atmosfera é muito volátil. Devido às altas temperaturas - causadas pela sua proximidade com o Sol - e à baixa massa de Mercúrio em si (tem apenas cerca de 0,055 vezes a massa da Terra), a atmosfera dissipa-se rapidamente no espaço. É, portanto, uma troca permanente.

Mercúrio, que tem um diâmetro de 4.878 quilómetros, dificilmente é protegido pela sua atmosfera. No entanto, tem um campo magnético fraco que é apenas cerca de 5% do volume da magnetosfera da Terra. O seu campo magnético tem aproximadamente a força de um por cento do campo magnético da Terra. Assim, Mercúrio está dificilmente - ou melhor, não está de todo - protegido de circunstâncias externas. Na sua superfície existem as maiores flutuações de temperatura no nosso sistema solar. Embora possa ficar tão quente como 430 graus Celsius quando o sol brilha, há áreas onde há noite eterna. Ali está extremamente frio, até aos 170 graus negativos. O facto de tais temperaturas inóspitas prevalecerem ali deve-se, por um lado, à proximidade do sol e, por outro lado, à falta de uma atmosfera que proporcionasse um certo grau de igualização de temperatura, como é o caso na Terra. A gravidade em Mercúrio é também muito baixa, devido à baixa massa do planeta. As forças atractivas não poderiam ligar uma atmosfera de forma permanente. Há provas de que nunca foi este o caso. Não há provas de erosão pelo vento ou pela água na superfície. Num dos outros vizinhos planetários da Terra, Marte, podemos ver tal erosão.

Enquanto o lado exposto ao sol de Mercúrio se assemelha geralmente a um deserto marcado por milhares e milhares de impactos de meteoritos, as regiões polares frias são mais interessantes para a ciência. Aí, as crateras encontram-se na sombra eterna, devido à inclinação do eixo de Mercúrio. É mesmo possível que haja ali gelo de água que tenha sobrevivido aos anos. Os meteoritos poderiam ter trazido isto a Mercúrio. O facto de ter vindo do próprio Mercúrio é praticamente impossível devido às condições prevalecentes. Em teoria, as moléculas orgânicas poderiam ter sido depositadas ali. De facto, os resultados das medições da sonda Messenger, que foi lançada no espaço pela NASA em 2004 para explorar Mercúrio, confirmaram que o gelo de água poderia estar presente nas depressões da cratera que acabámos de mencionar. Isto foi uma sensação para a comunidade científica. Porque se a existência de água sob forma congelada é possível num local tão inóspito como Mercúrio, isto permite tirar conclusões sobre planetas em todo o universo - pelo menos em termos simplificados. Isto é excitante porque planetas como o Mercúrio são bastante comuns. Não é apenas uma descoberta sensacional que a água tenha sido encontrada em Mercúrio. É também especial a quantidade de gelo que lá se encontra armazenada. As superfícies de gelo podem ter até vários metros de espessura. No total, até 1.000 biliões de toneladas de gelo de água poderiam ser armazenadas na região polar norte. A título de comparação, diz-se que há 1,386 triliões de litros de água na Terra. É claro que a comparação é deficiente porque, felizmente, prevalecem na Terra condições completamente diferentes. No entanto, esta quantidade de água em Mercúrio é espantosamente elevada para o que é de facto um planeta inconspícuo. Esta descoberta nem sequer foi considerada como uma teoria até há alguns anos atrás, pelo menos não por cientistas sérios. Mercúrio nunca chegou à selecção mais próxima como candidato à ocorrência de água devido à sua proximidade com o sol e ao calor sufocante resultante na superfície do planeta.

A aparência exterior de Mercúrio é mais parecida com a da Lua do que com a da Terra. No interior, no entanto, é um pouco diferente. Pois o facto de haver ou ter havido actividade no núcleo de Mercúrio é indicado pela presença de um campo magnético, embora fraco.

Devido à sua proximidade com o sol, Mercúrio está exposto à sua interacção. Mas existem outros objectos maciços no sistema solar que puxam o pequeno planeta rochoso. Júpiter puxa Mercúrio e pode mesmo ser responsável pelo seu desaparecimento. O gigante do gás poderia estar a separar a órbita de Mercúrio, tornando a sua rotação à volta do Sol cada vez maior. Tão grande, de facto, que a órbita de Mercúrio acabará por atravessar a de Vénus. Os investigadores da Universidade da Califórnia determinaram isto numa simulação por computador. Se isto acontecer, existe um grande perigo de colisão entre os dois planetas. Além disso, são concebíveis os seguintes cenários:

- O mercúrio golpeia o sol.
- Ele é expulso do sistema solar.
- Até colide com a terra.

Contudo, isto não é motivo de alarme; afinal de contas, o universo funciona de forma muito descontraída. Se um dos casos acima mencionados ocorrer, passarão milhares de milhões de anos. O caso mais provável, contudo - a ciência fala aqui de uma hipótese de 99 por cento - é que o sol já porá fim a Mercúrio antes disso. Dentro de cerca de 7,6 mil milhões de anos, o ciclo de vida da nossa estrela terá terminado. Irá então inflacionar num gigante vermelho e simplesmente engolir o pequeno Mercúrio. O mesmo destino ameaça a Terra. Mas, felizmente, ainda há algum tempo até lá.

Podemos observar o planeta Mercúrio a partir da Terra, embora apenas brevemente. À medida que orbita o Sol, ele flui literalmente à sua frente. Esta é também a razão pela qual os estudiosos da Roma antiga o equipararam a Hermes, o mensageiro dos deuses, e o baptizaram de Mercurius. O nome do planeta mais próximo do sol provém desta mitologia. É certamente rápido: com uma velocidade orbital de 47,36 km/s, é o planeta mais rápido do nosso sistema solar. Mercúrio faz uma órbita completa do Sol em pouco menos de 88 dias terrestres. A propósito, Mercúrio é considerado um planeta semelhante à Terra na sua definição. Embora Mercúrio, que está repleto de crateras de impacto, se pareça mais com a nossa lua. Isto porque a composição do planeta é mais comparável com a da nossa Terra do que seria com um gigante de gás. Da nossa experiência em filmes de ficção científica, quando usamos o termo "semelhante à Terra", assumimos imediatamente uma "segunda Terra". Se olharmos para Mercúrio, contudo, rapidamente notamos que os dois planetas são claramente diferentes. Para além dos seus depósitos de água sob a forma de gelo sólido, Mercúrio e Terra têm pouco em comum. No entanto, os dois têm mais em comum do que aparentemente é o caso. No entanto, os planetas não partilham uma característica: Mercúrio não tem lua. Isso faz com que esteja completamente sozinho no nosso sistema solar. Há muitos satélites. Em vez disso, há uma teoria de que há milhares de milhões de anos atrás, Mercúrio foi em tempos um companheiro. Nomeadamente a de Vénus, que também tem de passar sem uma lua.

VÉNUS

Enquanto com Mercúrio conhecemos o planeta mais próximo do Sol, no nosso caminho através do sistema solar chegamos a Vénus, o planeta que está mais próximo da Terra. As órbitas do nosso planeta natal e Vénus estão apenas a 38 milhões de quilómetros de distância - nas escalas do universo, isso é apenas a um passo. E Vénus está também a bater um recorde noutro aspecto: das "estrelas" do firmamento, é a mais brilhante e é também chamada a estrela da manhã e a estrela da noite. Mas como sabemos, a designação não é correcta e só se aplica num contexto coloquial: como todos os planetas que vemos brilhar no céu, Vénus não brilha em si, mas reflecte a luz do sol.

Embora Vénus seja a mais próxima de nós e muito visível, muitas coisas nos separam do nosso vizinho. Muitas coisas em Vénus parecem correr exactamente na direcção oposta e muitas propriedades físicas parecem estranhas. Esta impressão começa com a rotação intrínseca do segundo planeta mais interior do sistema solar. Vénus praticamente gira para trás e comporta-se exactamente na direcção oposta à do movimento adequado da nossa Terra. Este efeito é chamado rotação retrógrada. Como resultado, em Vénus, o sol nasce no oeste e põe-se no leste. O nascer e o pôr-do-sol não são comparáveis com os processos habituais no nosso planeta. Isto acontece porque a rotação de Vénus é excepcionalmente lenta. Um dia em Vénus dura quase 117 dias terrestres. Os cientistas discutem sobre a razão exacta pela qual o planeta, que por acaso é o terceiro mais pequeno do sistema, gira tão relaxada e retrógrada em torno do Sol. Porque este estado não é "normal". Dos grandes planetas, este fenómeno só pode ser observado com Urano. Embora a natureza retrógrada da rotação adequada seja determinante no caso de Vénus, é dificilmente visível no caso do grande planeta gelado Urano. Os astrónomos têm a certeza de que o movimento retrógrado não surgiu do "seu próprio impulso". Pelo contrário, suspeita-se que um meteorito de tamanho considerável atingiu Vénus há milhões de anos, perturbou a rotação natural do planeta e é responsável pela desaceleração. Um factor significativo poderia também ser jogado por Mercúrio pequeno, vizinho. Como aprendemos, existe uma teoria de que Mercúrio poderia ser uma antiga lua de Vénus. O pequeno planeta de corrente Mercúrio, através da sua rotação e efeito de maré em Vénus, poderia ter abrandado muito o seu ritmo de movimento e até levado ao movimento retrógrado.

Há muitos paralelos entre Vénus e a Terra na sua estrutura interna. Os dois planetas têm aproximadamente o mesmo tamanho, embora Vénus seja um pouco mais pequeno. Também encontramos semelhanças claramente pronunciadas na sua densidade e massa. Vénus tem uma densidade de 5,24 g/cm^3; a Terra de 5,52 g/cm^3. O tamanho da superfície de Vénus é de cerca de 90 por cento da superfície da Terra. É por isso que Vénus e a Terra são por vezes referidas como "irmãs" ou "gémeas". Em geral, Vénus é considerada "semelhante à Terra", mas esta designação também se aplica a Mercúrio, como já descrito - porque os três corpos celestes são planetas rochosos. Na sua estrutura interior, o planeta assemelha-se ao núcleo da Terra. Vénus tem também um núcleo de ferro-níquel. Há diferenças impressionantes na força do campo magnético. O campo magnético de Vénus é pouco pronunciado; em comparação com o da Terra, é muito fraco. Diz-se que a razão para isto é a baixa rotação intrínseca. Isto significa que o chamado efeito dínamo está ausente. Além disso, diz-se que a interacção com a possível ex-lua Mercúrio desempenha um papel.

Tão comparáveis como os "valores interiores" podem ser: as condições na superfície de Vénus dificilmente permitiriam uma comparação com as da superfície da Terra. O planeta tem uma atmosfera densa cujo principal componente são os hidrocarbonetos (cerca de 96,5 por cento). A atmosfera é opaca por todo o lado e esta característica torna Vénus única entre os planetas do sistema solar. Embora condições semelhantes prevaleçam na lua de Saturno Titan, este não é considerado um planeta devido ao seu estatuto de satélite. No entanto, não é a densidade e massa da atmosfera que é responsável pela densidade visual. Pelo contrário, existe uma densa camada de nuvens de protecção com uma cor castanha clara. O resto da atmosfera de Vénus também é constituída por azoto (cerca de 3,5%) e - como vestígios - por dióxido de enxofre, o árgon de gases nobres, hélio, néon, bem como monóxido de carbono e água. Foi também encontrada uma fina camada de ozono. A massa da atmosfera é muitas vezes maior do que a da Terra. Por conseguinte, enormes pressões prevalecem à superfície. A massa da atmosfera é cerca de 90 vezes maior do que a da Terra. É por isso que existe uma pressão constante sobre a superfície. Para comparação: estaríamos expostos a esta razão de pressão se mergulhássemos a cerca de 900 metros de profundidade num oceano. Portanto, as condições à superfície de Vénus são tudo menos acolhedoras. A uma altitude de cerca de 28 quilómetros, a pressão é também gigantesca. Quase 90 por cento da massa total da atmosfera encontra-se nesta camada. Foram detectados impulsos eléctricos nesta camada de nuvens através da passagem de sondas. Isto indica a existência de relâmpagos extremamente frequentes e violentos. Se olharmos para as camadas individuais da atmosfera em termos da sua temperatura, prevalecem as diferenças maciças. Temperaturas de até 100 graus negativos foram medidas dentro das nuvens. Quanto mais próxima a superfície, mais quente fica. Quando a luz solar atinge a camada de nuvens extremamente densa, as camadas abaixo do calor sobem. Favorecidas pela sua proximidade do sol, as temperaturas são enormes: a variação é de 437 graus Celsius a 497 graus Celsius. Estas temperaturas são o resultado de um efeito que conhecemos da Terra: O efeito de estufa. Em Vénus, no entanto, com a sua enorme densa cobertura de nuvens e atmosfera, este efeito é muito mais pronunciado.

Mas a cobertura de nuvens não influencia apenas a temperatura. Na superfície de Vénus não só é extremamente quente, mas também extremamente escura. A densa cobertura de nuvens permite que apenas cerca de dois por cento da luz solar incidente atinja a superfície. Os investigadores descobriram que a iluminação máxima é de 5.000 lux, no máximo, sombria. A título de comparação, isto corresponde às condições na Terra num dia fortemente nublado no Inverno ao meio-dia. Para melhor orientação: a um claro meio-dia no Verão, registam-se níveis de iluminação de 90.000 lux na Europa Central. Há também uma visibilidade máxima de cerca de três quilómetros num dia de Venusian monótono. Neste ambiente quente e sombrio, foram registadas outras condições atmosféricas, para além de trovoadas, incluindo uma animada actividade relâmpago. Por exemplo, ventos fortes em Vénus. Velocidades do vento de até 2 metros por segundo foram medidas perto da superfície. Pelos padrões terrestres, isto corresponde à força do vento 4, ou seja, uma brisa moderada que provoca o movimento de pequenos galhos nas árvores. Enquanto o vento na superfície move a poeira no máximo, as velocidades do vento na atmosfera são muitas vezes mais fortes. As nuvens de Vénus varrem através do "ar" a até 400 km/h. A ciência ainda não conhece suficientemente a forma como este efeito se produz. No entanto, parece certo que deve haver uma ligação com a luz solar incidente que provoca este movimento. Foi calculado que as nuvens nas camadas mais altas podem assim viajar até aos 100 metros por segundo. Em apenas quatro dias, elas orbitaram completamente Vénus uma vez. Este fenómeno é chamado "super-rotação". E não se encaixa bem com Vénus, que na realidade gira extremamente lentamente. Este segredo foi descoberto pela Venus Express, uma sonda espacial da ESA.

Outro mistério é o fenómeno das luzes venusianas. Já em 1689, o astrónomo italiano Giovanni Riccioli descobriu um brilho noturno notório no lado nocturno do planeta. Riccioli não foi o único a afirmar ter feito esta observação. Até hoje, os astrónomos afirmam ter visto estas luzes. Infelizmente, porém, ainda não foi possível captar esta luz venusiana numa fotografia. Há quase 20 anos atrás, um brilho semelhante foi registado no Observatório Keck no Hawaii. No entanto, era de natureza diferente do brilho descrito por astrónomos por hobby e astrónomos profissionais. Neste caso, os investigadores americanos detectaram uma luz ténue e esverdeada. A luz é produzida quando a radiação ultravioleta do sol aquece o dióxido de carbono, decompõe-o e os átomos libertados por sua vez combinam-se para formar moléculas de oxigénio. Pelo menos isto forneceu uma explicação plausível - mas não para o fenómeno óptico que Riccioli e os seus seguidores queriam ter visto. Pois a luz verde descrita é demasiado fraca para ser visível a olho nu ou com telescópios simples. Por conseguinte, o brilho deve ter outra causa. Uma explicação possível poderia ser os muitos relâmpagos que iluminam o céu nocturno e a cobertura de Vénus. No entanto, na ausência de provas fotográficas, a ciência fica aquém de uma explicação.

Não só devido aos seus muitos segredos, Vénus é um planeta fascinante e, ao mesmo tempo, extremamente hostil. Pelo menos para a vida tal como a conhecemos. Se quiséssemos visitar Vénus, um astronauta estaria condenado a morrer. E mesmo que não fosse esse o caso, e tivéssemos equipamento de protecção de ponta que nos pudesse proteger do ambiente hostil de Vénus, a superfície de Vénus pareceria bizarra e alienante para nós. Devido às temperaturas exorbitantes, que podem atingir quase 500 graus Celsius, o solo é tão quente que brilha. Neste caso, isto não é uma metáfora: brilha realmente. Para um observador humano, contudo, este brilho ténue só seria visível a olho nu se fosse noite em Vénus. Com um pouco de imaginação, a superfície de Vénus pode, assim, ser imaginada como um mar que brilha vagamente. É, de facto, suave e montanhoso; dificilmente se encontram fendas escarpadas. Em geral, há poucas montanhas e apenas ligeiras diferenças de altitude. A superfície de Vénus é muito mais "suave" do que a da sua "irmã", a Terra, e é caracterizada por extensas inundações por lava, que acabaram por quase arrefecer. O "quase" vem do facto de a alta temperatura ambiente não permitir o arrefecimento completo. No entanto, podem ser feitas subdivisões no relevo de Vénus. Vénus tem terras baixas, mas também terras altas. E claro que existem também verdadeiras montanhas, incluindo picos cobertos. Esta superfície parece uma montanha coberta de neve na Terra. Mas lá em Vénus são muito menos inofensivas. A "neve" aqui consiste em sulfureto de chumbo tóxico e sulfureto de bismuto. A razão pela qual as montanhas se poderiam formar em Vénus é desconhecida. Porque, ao contrário do que acontece na Terra, aqui não há mudanças tectónicas de placa. No entanto, as montanhas de Vénus parecem-se com as montanhas da Terra e mostram grandes semelhanças com os Himalaias ou os Andes. E: As cadeias montanhosas de Vénus são únicas no sistema solar. Nenhum outro planeta tem estruturas geológicas comparáveis. Vénus foi mapeada pela sonda Pioneer-Venus 1, entre outras.

Alguns vales e planaltos parecem ter sido outrora oceanos. Mas a água não pode existir em Vénus. As altas temperaturas provocam a evaporação imediata de toda a água. Afinal de contas, a água constitui uma certa parte da atmosfera de Vénus - mas esta é uma proporção extremamente pequena. Mas pelo menos a afirmação de que não há água alguma em Vénus estaria errada.

Além disso, o aparecimento de Vénus é caracterizado por numerosas crateras de impacto. Um total de cerca de 963 tais crateras foram contadas, duas vezes mais do que na Terra. A maior cratera de impacto de meteorito tem um diâmetro de 270 quilómetros. Esta cratera foi baptizada de "Mead". É impressionante que quase não existam pequenas crateras de impacto. As 963 crateras mencionadas têm todas um diâmetro de mais de um quilómetro. Assim, a superfície de Vénus difere de objectos como a Lua. Aí é possível encontrar crateras de impacto muito mais pequenas. A razão por detrás disto é a atmosfera densa de Vénus. Ela protege Vénus de meteoritos mais pequenos. Para poder penetrar na superfície, um meteorito deve, portanto, ter bastante massa. Os espécimes mais pequenos não causam, portanto, um grande impacto. Pelo contrário, a energia residual conduz apenas a uma espécie de mancha escura na superfície.

Para além dos impactos dos meteoritos, a face de Vénus caracteriza-se pela actividade vulcânica, ou seja, a lava a escorrer. O que é impressionante nestes campos de lava é que foram formados antes de a maioria dos meteoritos atingir o planeta. Assume-se que o relevo original de Vénus se encontra sob uma camada de magma de cerca de três quilómetros de espessura. A uniformidade deste "revestimento" dá a impressão de que esta produção de magma foi muito rápida. Os vulcões não são raros em Vénus: Os cientistas acreditam que há cerca de tantos vulcões em Vénus como há na Terra. Em Vénus existem grupos de vulcões e verdadeiros gigantes. O vulcão Theia Mons tem uma altura relativamente baixa de apenas 4500 metros, mas o seu diâmetro de base de 700 quilómetros bate todos os recordes. Este diâmetro também excede o do Olympus Mons, uma montanha em Marte e, com 28 quilómetros de altura, o maior do sistema solar.

Assim, como podemos ver, magma e vulcões moldaram a superfície de Vénus. E isto também representa um grande mistério ao mesmo tempo. Porque hoje, Vénus parece morto de um ponto de vista geológico. No entanto, não é completamente claro se não há mais actividade. Com base na concentração de dióxido de enxofre na atmosfera, dois vulcões-escudo seriam potenciais candidatos a tal actividade. Foram também observados vulcões cujos lados parecem ser particularmente escuros quando digitalizados por radar. Isto poderia ser um sinal de emissão de lava fresca. Mas também aqui, como acontece com muitas outras características da irmã gémea da Terra, os cientistas estão perplexos. Assim, Vénus continua a ser um planeta bizarro mas excitante para exploração. E mais ainda, o planeta prova que os mistérios do universo começam mesmo à nossa porta.

MARTE

Apesar de não ser realmente o nosso vizinho mais próximo, cativou a humanidade durante séculos e milénios: Marte. O "Planeta Vermelho" tem sido sempre objecto de especulação selvagem. Na cultura popular, por exemplo, é considerado o lar dos "homenzinhos verdes" frequentemente descritos, que por vezes aparecem mais, por vezes menos pacíficos para com a humanidade. Clássico é o cenário da "Invasão de Marte", em que seres extraterrestres em discos voadores disparam feixes de laser. No romance "Guerra dos Mundos", o autor H.G. Wells desenhou um quadro horrível da destruição do Reino Unido pelo povo "marciano", causando estragos com robôs de combate de três pernas na altura da publicação, que teve lugar em 1901. A história de Wells não deixou de ter impacto: quando "Guerra dos Mundos" foi transmitida como uma peça de rádio nos EUA em 1938, muitos ouvintes tomaram a representação realista sob a forma de uma notícia transmitida a valor facial. O resultado foram chamadas preocupadas para a estação de rádio e medo absoluto. Assim, o planeta vermelho Marte esteve nas manchetes pela primeira vez.

Hoje em dia, Marte é objecto de densa reportagem que é totalmente desprovida de ficção. Na ciência, é um promissor candidato a missões tripuladas e à procura de vestígios de vida. Ao contrário dos outros planetas do sistema solar interior - Mercúrio e Vénus - Marte está à beira da zona habitável e é, portanto, muito menos hostil à vida para nós humanos. Alguns cientistas, mas também autores de ficção científica, já vêem Marte como um potencial candidato à colonização humana. Neste momento, é claro, isto é apenas uma tarte no céu. No entanto, Marte é um interessante objecto de investigação com uma multiplicidade de segredos e mistérios.

Marte é o mais exterior dos planetas interiores do sistema solar. É portanto um vizinho directo da Terra e os dois planetas partilham muitas características. Marte é também um planeta rochoso e por isso é considerado semelhante à Terra, como Mercúrio e Vénus. Contudo, em comparação com o nosso planeta, Marte é um pouco mais pequeno. É o segundo planeta mais pequeno do sistema solar depois de Mercúrio e, com um diâmetro de 6.800 quilómetros, tem cerca de metade do tamanho da Terra. Tem apenas um décimo da massa da Terra e está 1,5 vezes mais longe do Sol do que nós.

Uma característica que tem preocupado os astrónomos durante séculos é a cor vermelha intensa de Marte, que lhe valeu o apelido de "Planeta Vermelho". O planeta facilmente observável deve a sua coloração ao ubíquo óxido de ferro em pó, que se distribui por toda a superfície como uma camada. Conhecemos o óxido de ferro da Terra: mas geralmente referimo-nos a ele coloquialmente como ferrugem.

Ao colocarmos inicialmente a Terra no fim da nossa viagem do sistema solar interior para o exterior, encontramos pela primeira vez um planeta com luas sob a forma de Marte. O planeta vermelho tem dois destes companheiros, chamados Phobos e Deimos. Traduzido do grego, os nomes das luas significam "medo" e "terror". Se os dois satélites merecem realmente estes nomes é facilmente respondido: Não, não merecem. Não há horror à nossa espera nas duas luas. O nome, porém, cabe a Marte, cujo nome remonta ao deus romano da guerra com o mesmo nome. Isto, por sua vez, vem da coloração vermelho-sangue da superfície de Marte, que já era muito visível a olho nu em séculos anteriores.

Marte faz parte de muitas histórias mitológicas - mas também em termos astronómicos, o planeta vermelho está cheio de mistérios. E no entanto, é muito semelhante à nossa Terra. Isto já começa com a mudança do dia e da noite. Um dia marciano, que é chamado sol entre peritos, dura exactamente 24 horas e 37,4 minutos. Um dia em Marte é, portanto, quase idêntico a um dia na Terra. No entanto, o período em que Marte orbita o Sol uma vez é muitas vezes mais longo do que o que estamos habituados na Terra. Um ano marciano dura 687 dias na Terra. Consequentemente, as estações do ano - que também existem em Marte - são significativamente mais longas, quase o dobro do tempo. O eixo de rotação variável de Marte também desempenha um papel nesta observação. Isto mudou ao longo de milhares de anos. Isto significa que as estações podem por vezes ser mais longas e por vezes mais curtas. Assim, Marte sempre esteve sujeito a alterações climáticas, que a ciência pode facilmente documentar e compreender, por exemplo, olhando para a erosão do solo. Ainda que as estações possam diferir em comprimento, existem fenómenos recorrentes. A superfície de Marte reage às mudanças das estações do ano e podemos observar isto bem. No Verão, o gelo nas calotas polares começa a derreter. O vapor acaba por formar nuvens, como são conhecidas da Terra. No entanto, existem diferenças na formação real de nuvens terrestres e marcianas, devido às diferentes circunstâncias físicas. Enquanto a água líquida evapora e forma nuvens na Terra, este processo tem lugar de forma diferente em Marte. A água sólida nos pólos sublima-se. Passa praticamente imediatamente do estado sólido para o estado gasoso. Isto porque a água líquida só pode existir por um curto período de tempo devido à atmosfera marciana.

A atmosfera de Marte é muito fina e tem pouco em comum com a atmosfera da Terra. A sua composição tem sido muito bem analisada por numerosas missões não tripuladas a Marte. A maior parte da atmosfera é constituída por dióxido de carbono (95,97 por cento). O azoto e o árgon são detectáveis a cerca de 1,9 por cento cada. O oxigénio e o monóxido de carbono foram detectados em concentrações muito mais baixas. Muitos outros compostos como o metano, água e ozono estão presentes como vestígios. O óxido de ferro mencionado, ou seja, a ferrugem que é responsável pela cor vermelha, está praticamente em todo o lado em Marte. Este é também o caso na atmosfera. Isto assegura que o próprio "ar marciano" é colorido. As partículas mais finas levam a uma cor vermelho-acastanhada. As condições de pressão são muito baixas. Na superfície, a pressão é a mesma que na atmosfera terrestre, a uma altitude de cerca de 35 quilómetros. Em comparação com Vénus, em cujas superfícies existe uma pressão maciça e pronunciada, é fácil ver as diferenças entre as condições ambientais de planetas semelhantes, mas dificilmente comparáveis.

Se olharmos para o tempo em Marte, uma multidão de diferenças chama-nos imediatamente a atenção. Para além das referidas nuvens que se formam a partir do vapor de água nas calotas polares, foram também observadas formações de nuvens em grande escala de dióxido de carbono congelado. No entanto, isto não significa necessariamente que Marte seja um planeta totalmente gelado. No Verão, as temperaturas de 20 graus Celsius podem ser medidas perto do equador. Este número de graus já nos soa relativamente confortável, especialmente em comparação com as outras superfícies planetárias que já encontramos. No entanto, estes 20 graus representam apenas um pico de temperatura que ocorre quando as condições são favoráveis. Em média, Marte é muito frio. A temperatura média é de - 63 graus Celsius. As temperaturas de - 152 graus Celsius foram mesmo medidas nas calotas polares geladas. Devido a estas flutuações maciças, que são causadas pela respectiva radiação solar, por vezes desenvolvem-se ventos bastante fortes de manhã e à noite. Especialmente na Primavera, podem ocorrer violentas tempestades de areia. Neste contexto, fenómenos meteorológicos que conhecemos da Terra, tais como pequenos tornados, também podem ocorrer. Estes não são limitados regionalmente: Quando há tempestades em Marte, grandes partes da superfície são afectadas. As tempestades sobre a Terra são mais localizadas. Além disso, são muito mais perceptíveis devido à atmosfera mais densa do nosso planeta. Mesmo a velocidades de vento mais elevadas, na maioria das vezes, as partículas de poeira são rodadas para cima em Marte. Devido ao seu baixo peso em combinação com as baixas forças gravitacionais de Marte, estas partículas permanecem na atmosfera por muito mais tempo. Além disso, a chuva com uma função de limpeza está ausente em Marte - como é habitual na Terra. A actividade relâmpago também foi registada, especialmente quando as tempestades de poeira são particularmente maciças. Na gama de microondas, os astrónomos registaram descargas eléctricas que são típicas de tempestades de poeira. Assim, encontramos alguns paralelos às condições meteorológicas terrestres - se não fosse pela falta de água.

Como aprendemos, a razão pela qual a água não pode existir na superfície de Marte a longo prazo é a atmosfera fina. A água líquida congelaria simplesmente a temperaturas que, na sua maioria, são bem abaixo de zero, e depois evaporar-se-ia lenta mas firmemente. Mas "não a longo prazo" não significa que não possamos detectar água líquida de modo algum. Os investigadores suspeitam mesmo de grandes quantidades de água líquida sob a criosfera, ou seja, a totalidade da água congelada de um planeta. A descoberta da sonda Phoenix da NASA, por outro lado, foi sensacional, pois registou as mais pequenas gotículas de água líquida, mesmo na superfície de Marte. O que há de especial nela: Os sais são dissolvidos nestas gotículas. A água com elevado teor de sal apenas congela a temperaturas muito mais baixas do que a água doce. Dependendo da concentração, a água também pode suportar temperaturas subzero extremas sem alterar o seu estado agregado de líquido para sólido. O efeito pode mesmo ser reproduzido em casa. Se misturarmos cubos de gelo com sal doméstico comum, a água derretida permanece na forma líquida mesmo a temperaturas abaixo de zero.

Este é também o caso da água em Marte. Não se trata, contudo, de sal comum, mas de percloratos. Estes compostos formam-se na atmosfera, são depositados na poeira e actuam assim como um anticongelante natural. Graças a estes sais, a água líquida poderia sobreviver mesmo a temperaturas de menos 70 graus Celsius. Isto é essencial porque a água líquida é considerada um dos pré-requisitos da vida. Estes percloratos já não eram substâncias desconhecidas quando foram descobertos em Marte. Eles também existem no nosso planeta.

Há também a hipótese de que poderia haver água líquida sob a própria superfície de Marte. Os cientistas da Universidade de Münster encontram provas desta teoria nos chamados canais de erosão em encostas íngremes da superfície marciana, que se assemelham a vales de rios secos da Terra. Ao longo de três anos, estes barrancos tinham alongado e afinado em comprimento. Isto indica a actividade de escoamento da água líquida. O desbaste no final dos barrancos sugere evaporação ou infiltração. É concebível que a água líquida misturada com perclorato esteja também presente no sedimento marciano.

O que é certo é que a água líquida não está presente em massa no planeta vermelho. No entanto, a situação é um pouco diferente para a água congelada. Foram encontradas camadas espessas de gelo na calota polar do sul. No entanto, apenas uma parte relativamente pequena deste gelo é constituída por água. O principal componente é o dióxido de carbono. No entanto, o gelo de água não é raro - o gelo de água foi detectado até uma profundidade de quase 4 quilómetros. Se este gelo derretesse, todo o Marte ficaria inundado. Evidentemente, isto só é possível em teoria devido às condições atmosféricas. Para além destas ravinas, que parecem ser de origem recente, existe um grande número de vales e formações de ribeiras na superfície que podem ter sido deltas de rios. Isto sugere que as condições em Marte foram outrora diferentes. Os vales dos cursos de água mencionados sugerem que deve ter havido uma ocorrência de enormes massas de água comparativamente recente (considerada à escala do universo). Que na realidade era água ou algum outro líquido ainda não foi completamente esclarecido. No entanto, pode ser descartada com certeza a possibilidade de ter sido magma quente. Pois a lava deixaria outros vestígios na superfície e também não "desapareceria". Os seus restos arrefecidos ainda hoje seriam visíveis. Também interessantes são as estruturas que podemos identificar como deltas de rio, que conhecemos da Terra a partir do Amazonas ou do Nilo, por exemplo. Dito de forma simples, estes rios vagueiam fortemente antes de desembocarem num mar ou num lago (por outras palavras, os rios correm através de muitos loops ou meandros em sucessão próxima). Isto significa para Marte: devem ter existido corpos de água ainda maiores e mais persistentes no início do período marciano. E estes deltas não são únicos na superfície marciana: os investigadores foram capazes de contar vários deles. Rios e lagos não eram, portanto, nada de anormal para Marte nos tempos pré-históricos. Há milhões de anos, diz-se mesmo que houve géiseres que dispararam água carbonatada.

Estas reflexões levantam inevitavelmente a questão: Porque é que já não é este o caso? A resposta é: Marte foi vítima de uma grande catástrofe. Devido ao facto de a água existir sob forma líquida e estável, assume-se a existência de uma atmosfera densa. Uma vez que esta já não existe actualmente, os investigadores assumem que Marte perdeu a sua atmosfera em algum momento e que, por isso, se tornou no deserto que conhecemos como hoje. Provas mais recentes sugerem que o Sol mudou Marte permanentemente. O planeta teve outrora um clima quente e húmido com uma atmosfera densa de dióxido de carbono. Além disso, o árgon de gás nobre estava presente na atmosfera em tempos anteriores. Quando a luz UV do Sol atinge estas partículas, ioniza os átomos e as partículas carregadas do vento solar praticamente puxam o gás para o espaço com elas. Passo a passo, a atmosfera desapareceu. A atmosfera, outrora densa, de dióxido de carbono evaporou-se. Isto significava que o efeito de estufa que mantinha Marte quente e húmido já não podia funcionar. Depois de a atmosfera desaparecer, a água também evaporou, deixando Marte uma rocha fria e árida. Os cientistas olham para trás com interesse para esta época em que o planeta era muito mais vital do que é hoje. Afinal de contas, vestígios deste tempo quente e húmido podem ainda permanecer. Naturalmente, a questão é se a Terra também poderia encontrar um destino tão fatal. A resposta é sim, mas muito tempo irá passar até lá. Pois ao contrário do que acontece no caso de Marte, o campo magnético da Terra é capaz de proteger o vento solar e, portanto, também o seu efeito prejudicial. O campo magnético de Marte, por outro lado, era demasiado fraco para proteger a atmosfera e, portanto, todo o planeta deste efeito do sol.

Para além das calotas polares, o terreno marciano não tem gelo e assemelha-se a um deserto sem fim. Já pudemos ver isto claramente a partir das fotografias tiradas durante a missão Pathfinder. No entanto, existe uma planície e uma planície. A primeira caracteriza-se pelos restos de actividade vulcânica, enquanto que as regiões baixas são largamente planas e na sua maioria livres de crateras causadas por impactos de meteoritos. De acordo com uma suposição comum, nem sempre foi este o caso. Assume-se que em tempos pré-históricos um grande meteorito atingiu Marte e assim nivelou o relevo original, por assim dizer. No entanto, a divisão em planalto e planície é um pouco simples demais. A aparência de Marte é mais variada. Devido ao bom grau de exploração da superfície marciana, é possível uma divisão muito mais fina de zonas individuais e das respectivas composições de solo.

A superfície de Marte está repleta de pedras soltas. Os investigadores já conseguiram obter alguns conhecimentos sobre a sua composição. Não foi sequer necessário recolher as rochas na superfície de Marte. Os meteoritos trouxeram as rochas marcianas para a Terra há milhares de anos. Esta rocha pode ser facilmente identificada porque os seus componentes são semelhantes aos que se encontram na atmosfera marciana. Isto porque os meteoritos contêm frequentemente as melhores bolhas de gás, que preservaram o "ar" de Marte. Se conseguíssemos recolher as rochas de Marte da forma como o fazemos na Terra, encontraríamos uma variedade de minerais familiares. O rególito comum de Marte é semelhante ao da Lua; basalto e olivina que já conhecemos do nosso planeta. O andesita, uma rocha de origem vulcânica, é também comum em Marte. As areias de Marte são dominadas por sulfitos, kieserite e gipsita. Pequenas esferas de haematite parecem-nos bizarras. O mistério da sua formação ainda não foi realmente resolvido. Uma explicação concebível seria que as esferas milimétricas finas foram moídas e polidas por água corrente.

Em quase nenhuma região da terra encontramos um deserto que apresente um quadro igualmente desolado. Por mais que a superfície e a atmosfera sejam diferentes da da Terra, existem, no entanto, alguns paralelos quando nos aproximamos do interior do planeta vermelho. No entanto, o próprio núcleo da Terra parece mais "estável". Foi também responsável por um forte campo magnético, que colapsou em Marte cerca de meio bilião de anos após a sua formação. A estrutura interior está dividida em conchas, tal como é o caso da Terra. Marte também tem um núcleo quente como a Terra, mas é ligeiramente mais leve e não sólido. Isto também teve um efeito de enfraquecimento do campo magnético devido à ausência de um efeito dínamo - hoje em dia Marte não tem qualquer campo magnético, o que resultou na perda da sua atmosfera. As medições revelaram campos magnéticos locais; no entanto, não permitem uma comparação com o da Terra.

Finalmente, vamos dar uma vista de olhos aos satélites Deimos e Phobos. Se pensarmos na nossa lua terrestre quando pensamos nas luas, estamos no caminho errado. As duas não são "redondas", mas sim dois pedaços de rocha deformados. Phobos é o maior dos dois, mas partilham um destino comum. A dada altura, desaparecerão, deixando Marte sozinho no espaço. Isto, contudo, não será sem um big bang, pelo menos no caso de Phobos. A maior das duas luas cairá no seu planeta principal ou será dilacerada enquanto ainda em órbita. Os destroços poderão então formar um anel em torno de Marte, tão visualmente semelhante ao anel de Júpiter. Deimos, por outro lado, está a afastar-se de Marte e acabará por ficar tão distante que a gravidade já não será capaz de o manter na sua órbita. Deimos irá assim escapar para o espaço. Isto não acontecerá em breve. Os investigadores acreditam que estes eventos não terão lugar durante milhões de anos. O primeiro dos dois a desaparecer, no entanto, será Phobos: O fim do satélite rochoso já poderá ser selado dentro de 50 milhões de anos.

JÚPITER

Com Mercúrio, Vénus e Marte, iluminámos os planetas do sistema solar interior e as suas características especiais, pelo menos nos seus contornos básicos. Os puzzles que ainda precisam de ser resolvidos e os conhecimentos que já adquirimos poderiam preencher enciclopédias inteiras. Já sabemos muito sobre os planetas semelhantes à Terra. Ao compará-los com a Terra, que difere apenas ligeiramente na sua estrutura básica dos planetas rochosos interiores, podemos tirar muitas conclusões sobre as suas peculiaridades e características. Contudo, se deixarmos os reinos das órbitas planetárias internas, chegamos inevitavelmente a um verdadeiro gigante no sistema solar: Júpiter. O gigante do gás exerce uma verdadeira atracção. Não só para cientistas e astrónomos amadores. Devido às suas forças gravitacionais, o super planeta atrai fragmentos de rocha antes que estes alcancem os planetas interiores e os interceptem. Desta forma, Júpiter estabiliza a cintura de asteróides do sistema solar. Para conseguir este efeito, o planeta necessita de uma massa imensa. Tem muito disso: O planeta tem uma massa equivalente a 318 vezes a da Terra e o seu diâmetro é 11 vezes superior ao do nosso planeta. É de notar que Júpiter não tem superfície visível. E não podemos de modo algum falar de uma superfície. Assume-se que Júpiter tem um núcleo sólido que pesa aproximadamente o mesmo que 20 Terras. Diz-se que este núcleo é constituído por elementos pesados, mas não tem uma "superfície" no sentido estrito. Assim, uma sonda ou mesmo uma nave espacial nunca poderia aterrar no planeta. A tentativa por si só não seria aconselhável. Júpiter é constituído por gás, que constitui a maior parte da sua massa. A superfície presumida não é definida com precisão e a transição entre o núcleo sólido e a atmosfera gasosa é fluida.

A atmosfera do super planeta não é transparente e por isso não permite uma visão daquilo a que poderíamos chamar o núcleo. Júpiter mostra-se coberto de nuvens, que estão num estado constante de redemoinho e podem aparecer numa grande variedade de cores. Uma visão de Júpiter é um verdadeiro espectral. Dependendo das condições meteorológicas dadas e apenas actuais, Júpiter aparece em tonalidades de castanho, amarelo ou vermelho e todas as variações de cor entre elas. Ocasionalmente, foi também observado um azul exótico. Estas demarcações de cor são visíveis como faixas individuais que são notavelmente definidas e diferenciadas em zonas e faixas. As zonas de Júpiter são as zonas mais brilhantes. Ali, os gases frios e ascendentes dominam a atmosfera. A coloração pode vir do gelo, que não é feito de água mas de amoníaco. Esta é pelo menos uma explicação potencial. De onde vem a coloração das bandas mais escuras, não é clara. Uma teoria é que a coloração poderia vir do enxofre e do fósforo. O que é certo é que os cintos e as zonas estão em movimento. Estas zonas bem definidas podem mesmo deslocar-se em direcções opostas. As cintas e zonas são mantidas nas suas "áreas" por ventos fortes chamados jactos. Ficam mais fracos quanto mais perto se aproximam do Pólo Norte ou do Pólo Sul. Ali, os cintos e as zonas misturam-se mais ou menos. As linhas demarcadas, de outro modo, esborratam-se numa massa castanha escura ali.

As interacções também têm lugar nas outras zonas de Júpiter, apesar das claras delimitações pelos ventos dos jactos. Ocorrem redemoinhos claramente visíveis. Uma destas tempestades é particularmente marcante: a "Grande Mancha Vermelha", conhecida nos círculos científicos como a GRF. O GRF é um ciclone gigantesco que roda de forma estável entre duas camadas de nuvens e é delimitado e mantido no seu lugar por ventos fortes. É assim uma tempestade atmosférica e não tem qualquer apego à superfície de Júpiter. A palavra "gigantesca" não é um exagero neste contexto: A tempestade oval e ciclone tem as dimensões de uma vez e meia o diâmetro da Terra. Além disso, a GRF tem uma vida muito longa: os astrónomos afirmam tê-la observado já no século XVII. Em comparação, tempestades comparáveis na Terra dissipam-se completamente após um curto período de tempo - geralmente dentro de algumas semanas. A tempestade gigantesca parece um olho demasiado grande e tornou-se a marca registada do gigante do gás. Apesar da sua longevidade, a GRF pode mudar drasticamente o seu aspecto num curto espaço de tempo. Por exemplo, mudanças de cor têm sido observadas ao longo de alguns anos. Também parece estar a perder poder. Nos últimos 80 anos, observou-se um encolhimento da GRF. Para além disso, a GRF foi cada vez mais arredondada, passando de uma forma bastante oval para um círculo. Em geral, pode-se observar que a tempestade está a diminuir. Para além desta tempestade muito conspícua, um grande número de outros ciclones e anti-ciclones pode ser observado permanentemente. Nem todos são tão grandes, nem são da mesma cor avermelhada que o GRF. Assim, algumas tempestades parecem bastante pequenas, brancas e redondas. Mas pequena é relativa na escala de Júpiter: mesmo ciclones bastante discretos podem ter o diâmetro da nossa Terra.

A atmosfera de Júpiter consiste principalmente de hidrogénio, que é o elemento mais abundante em termos de quantidade a cerca de 89,8%. Outro grande componente é o hélio, com uma quota de 10,2 por cento. Outros elementos em concentrações extremamente baixas (fracções de um por cento) são o amoníaco e o metano, com vestígios de carbono, oxigénio, enxofre e vários gases nobres. Enxofre e vários gases nobres.

Embora a sua origem exacta ainda não tenha sido completamente esclarecida, Júpiter tem um forte campo magnético. É o mais forte de todos os planetas do sistema solar. Em termos concretos, o campo magnético de Júpiter é cerca de 10 a 20 vezes mais forte do que o da Terra. Uma explicação possível é devida à forte rotação inerente ao planeta. Nenhum outro planeta gira em torno do seu próprio eixo tão rapidamente como o mais interior dos planetas exteriores. As dimensões são de facto enormes: se considerarmos a magnetosfera de Júpiter e, portanto, a área influenciada pelo campo magnético como um objecto, este seria o segundo maior do nosso sistema solar - depois da magnetosfera do próprio Sol. O campo magnético alcança até sete milhões de quilómetros no espaço.

Se compararmos Júpiter com o seu vizinho Saturno, que é também um gigante do gás, há duas características especiais que são particularmente reconhecíveis: Para Júpiter é o GRF, para Saturno os anéis distintivos. Mas Júpiter também tem um sistema de anéis. No entanto, é muito, muito fino. Em 1979, a sonda Pioneer 1 conseguiu capturar fotograficamente estes anéis pela primeira vez. Este foi um verdadeiro desafio: as partículas de poeira que circundam o gigante do gás não são mais densas do que o fumo. Isto é dificultado pela coloração do pó. As partículas são negras e, portanto, dificilmente reflectem qualquer luz solar. A observação destas órbitas de filigrana a partir da Terra é, portanto, muito difícil. Outro problema é a órbita das partículas. Elas não permanecem numa órbita fixa, mas são atraídas pelo planeta e movem-se em direcção a ele. Portanto, no futuro, fundir-se-ão com Júpiter.

Aparentemente, porém, existe uma "fonte de poeira" que serve as órbitas com novas partículas. Diz-se que a poeira provém das muitas luas de Júpiter. Estas rochas são sujeitas a um bombardeamento constante de pequenos meteoritos. Como resultado, o pó é agitado. Uma vez que não há atmosfera para reter esta poeira, esta desaparece no espaço e entra assim na esfera gravitacional de influência de Júpiter.

Júpiter tem muitas luas. De acordo com as últimas descobertas científicas, o gigante do gás tem um total de 79 satélites, que dificilmente poderiam ser mais diferentes. A maioria das luas são por vezes mais, por vezes menos grandes pedaços de rocha que circundam Júpiter. De maior interesse, porém, são as luas da Galileia Io, Calisto, Ganímedes e Europa, cada uma das quais com características especiais. A maior destas quatro luas é Ganímedes, que é também a maior lua de todos os planetas do sistema solar. Não só isso: é ainda maior do que Mercúrio. A temperatura em Ganímedes é de um gelo de 160 graus negativos. E o seu aspecto óptico é em conformidade. Ganímedes é uma lua gelada e a sua superfície é constituída por uma camada de água congelada com várias centenas de quilómetros de espessura. Em comparação com alguns outros planetas do sistema solar, Ganímedes é uma lua activa. Há duas placas continentais que se movem em direcção uma à outra. Isto é comparável à tectónica de placas da Terra. Também em Ganímedes, as elevações aparecem nas bordas das placas, que se parecem com montanhas. Assume-se que existe um oceano de água salgada sob a espessa camada de gelo. Se esta teoria se revelar correcta, este oceano subterrâneo seria enorme. Haveria mais água em Ganímedes do que todos os oceanos da Terra juntos. As camadas de água e as camadas de gelo alternam-se. Isto é possível porque o teor de sal varia. Um núcleo sólido mas comparativamente pequeno de metal encontra-se adormecido dentro das camadas de gelo e das camadas de água. O gelo na superfície é responsável pela atmosfera de Ganímedes, que é muito fina e consiste em grande parte de oxigénio. Quando a luz solar atinge a casca dura do gelo, a água separa-se em oxigénio e hidrogénio. Enquanto o hidrogénio leve escapa para o espaço, o oxigénio pesado permanece no lugar devido à atracção gravitacional de Ganímedes, formando assim a fina camada atmosférica.

Um pouco mais pequena e mais ou menos do mesmo tamanho que Mercúrio é a Calisto da Lua de Júpiter, que parece comparável a Ganímedes em muitos aspectos. O diâmetro da lua, que também é gelada, é de 4.820 quilómetros. Assim, Calisto é um pouco maior do que a nossa lua. A sua superfície está repleta de inúmeras crateras de impacto de asteróides; apenas a Lua de Saturno Febe tem uma "cicatrização" semelhante. Algumas destas crateras são muito grandes; a maior destas crateras de impacto mede 210 quilómetros de diâmetro. Os impactos conduzem às estruturas familiares das crateras. Caso contrário, a superfície da Calisto é bastante plana. Consiste em grande parte em gelo compacto e denso feito de água e bastante pouca rocha. Tectónica como na sua irmã maior Ganímedes não pode ser observada.

A espessura do gelo é estimada em 200 quilómetros. No entanto, esta camada é menos interessante do que o que se encontra por baixo dela. Sob o gelo diz-se ser um oceano de água líquida que é mais profundo do que os oceanos da Terra. Isto é significativo para a ciência. Porque, como já aprendemos, a água líquida é uma das condições essenciais da vida. Sob os 200 quilómetros de gelo e cerca de dez quilómetros de água líquida encontra-se uma camada de rocha, que por sua vez está permeada de gelo e consiste principalmente em silicatos. Uma atmosfera está apenas presente em vestígios e consiste, na melhor das hipóteses, em dióxido de carbono. O campo magnético de Kallisto também só é pouco pronunciado. Apesar destas características realmente bastante pouco espectaculares, a segunda maior lua de Júpiter atrai o interesse dos cientistas. Várias sondas já passaram por Callisto e forneceram dados importantes. O facto de que relativamente pouco está a acontecer na Callisto torna mesmo a lua interessante para uma possível missão espacial tripulada. Planos para este efeito foram elaborados há décadas e seriam mesmo possíveis em cerca de 25 anos. A superfície estável sem processos tectónicos torna a lua atraente e uma aterragem seria comparativamente segura. Além disso, a Callisto pode ser alcançada relativamente depressa por objectos no sistema solar exterior. Uma ideia é usar Calisto como base para explorar a lua vizinha Europa. Além disso, a Callisto ofereceria a possibilidade única de extracção de água.

A terceira mais pequena de todas as luas de Júpiter chama-se Io. Para além do facto de orbitar também o gigante do gás, tem pouco em comum com as outras luas. Enquanto os outros satélites de maior dimensão são bastante gélidos, há muita coisa a acontecer em Io. Há um elevado nível de actividade vulcânica na lua. Não só isso. Nenhum outro objecto no nosso sistema solar tem mais vulcões - e de longe. A lua, que é hostil à vida pelos nossos padrões, parece-nos numa tonalidade amarela ou ocre. A razão para esta coloração são grandes lagos de enxofre fundido. Podem ser observados fluxos gigantescos de lava, que podem consistir possivelmente em silicatos líquidos ou sódio.

Io foi desde cedo o foco de interesse científico. Quando a sonda espacial Voyager 1 passou por Io em 1979, a descoberta da actividade vulcânica foi uma sensação. Porque, até então, presumia-se que os vulcões só poderiam existir na Terra. É claro que esta suposição foi há muito tempo descartada. A actividade vulcânica não é um fenómeno isolado no universo.

As investigações da sonda revelaram que Io não pode ser uma bola de fogo permanentemente activa no espaço. Enquanto em alguns e bastante extensos locais da superfície não houve qualquer actividade, em outros foram registadas erupções de grande magnitude. Não existem, portanto, hotspots: Mesmo as regiões que estavam apenas inactivas podem tornar-se o centro da actividade vulcânica num período de tempo relativamente curto. Um sinal de que a superfície de Io é caracterizada por erupções vulcânicas é a ausência de crateras de impacto. A superfície da lua caracteriza-se por uma renovação constante; os vestígios de impactos são praticamente sempre "remendados". Por conseguinte, a superfície é também muito jovem em comparação com outros processos do universo. Os investigadores estimam que a camada exterior não tem mais de dez milhões de anos. O facto de Io nunca vir a descansar deve-se à sua relativa proximidade com Júpiter. A lua é afectada pelas forças das marés do planeta principal. Isto é comparável à nossa Terra, onde a nossa lua é responsável pelo refluxo e fluxo das marés. Nas proximidades de um gigante do gás, as marés são aumentadas muitas vezes. Júpiter esmaga Io com a sua massa pura, de modo que as marés são cerca de 600 mais fortes do que no nosso planeta, de modo que até as camadas de rocha são afectadas. Júpiter aperta a lua e volta a separá-la, por assim dizer. O resultado deste rasgamento da força gravitacional é um aquecimento permanente de Io

- e portanto também a razão pela qual nunca há calma na sua superfície. Devido a flutuações na órbita, as chamadas montanhas de maré formam-se regularmente na superfície, ou seja, pilhas de rochas que podem atingir uma altura de até 300 metros em Io. Este fenómeno também não é desconhecido na Terra. Mas as forças em acção aqui não estão nem perto da escala de Io. Assume-se que Io consiste principalmente de silicatos e, em parte, de magma líquido. Isto torna-a uma excepção em comparação com as luas geladas de Júpiter. Por baixo desta camada de magma, diz-se que a lua tem um núcleo sólido de ferro. A atmosfera de Io também parece menos do que amigável. Consiste em dióxido de enxofre gasoso, que se encontra numa mudança de desempenho de estado agregado. Quando a lua está atrás de Júpiter, o dióxido de enxofre congela numa fina camada de gelo, que descongela novamente assim que sai da sombra e regressa à esfera de influência do Sol. Na sua órbita à volta de Júpiter, a lua está permanentemente dentro da magnetosfera do gigante do gás. Isto resulta numa troca permanente dos átomos das partículas dentro da atmosfera de Io com o universo, perdendo assim constantemente massa. Também aqui, o vento solar é responsável pelo rasgamento dos átomos. Este fenómeno faz lembrar a perda do campo magnético de Marte. Aqui, no entanto, prevalecem condições diferentes. A actividade vulcânica permanente na superfície de Io substitui sempre a perda de partículas ou átomos. Como resultado, a atmosfera é mais estável do que era em Marte primitivo. Devido à forte magnetização, um fenómeno óptico pode ser observado na atmosfera de Io que se assemelha às auroras terrestres, mas não é de forma alguma tão inofensivo: o campo magnético de Júpiter acelera os iões a um grau elevado, produzindo radiação que pode danificar sondas passantes e até levar a uma perda total.

As coisas estão um pouco mais pacíficas e tranquilas em Europa, a mais pequena das quatro grandes luas de Saturno. O seu diâmetro é de cerca de 3.121 quilómetros. Essencialmente, assemelha-se às luas um pouco maiores, Ganímedes e Calisto. A sua superfície é uma geada menos 150 graus Celsius e as suas vastas planícies fazem lembrar as regiões polares da Terra. Uma massa sólida de gelo de cerca de 100 quilómetros de espessura envolve um oceano de água salgada líquida. A lua brilhante Europa, no entanto, não aparece nem branca nem cinzenta quando a observamos. Tem uma tonalidade ligeiramente avermelhada. Isto vem de minerais que se assentaram na superfície gelada. Os candidatos são óxido de ferro ou enxofre. Apesar de todas as diferenças em relação ao seu vizinho lunar vulcanicamente activo Io, existem certos paralelos. Europa tem também uma superfície relativamente plana. Tal como com Io, isto leva a concluir que a superfície da lua é renovada repetidamente e num período de tempo relativamente curto. Assim, as crateras de impacto conspícuas estão em grande parte ausentes. Em vez disso, a superfície de Europa é definida por numerosos sulcos que se assemelham a fendas no gelo de um lago congelado na Terra. Estas fissuras são chamadas lineae, e Europa não é o único corpo sólido no sistema solar a ter esta característica. Os sulcos também têm sido observados em Vénus. Uma explicação possível para a formação das lineaeas poderia ser o oceano por baixo do gelo sólido. Este oceano só existe devido à acção da maré de Júpiter maciço. Devido a estas forças externas, o oceano sob o gelo sobrejacente é praticamente constantemente misturado. Esta acção cria calor, que não só mantém a água líquida, como também pode ser responsável pelas estruturas em forma de sulco na superfície. Foi também detectada uma forma de tectónica. As placas de gelo empurram por baixo de outras, proporcionando assim uma certa dinâmica da superfície, bem como movimentos de subida e descida do gelo derretido.

Embora dificilmente se possa falar de uma superfície realmente sólida no verdadeiro sentido, Europa tem um núcleo sólido. Em muitos aspectos, assemelha-se à nossa Lua da Terra, embora tenha naturalmente uma superfície rochosa sólida. Os paralelos são mais encontrados no interior. Europa tem um núcleo sólido de ferro ou uma mistura de ferro e sulfureto de ferro. À volta deste núcleo encontra-se uma espessa camada de silicatos.

As propriedades físicas de Europa tornam-no um candidato onde a vida fora da Terra poderia ser possível. Embora a lua gelada esteja longe do sol, as condições no oceano sob o gelo são comparáveis às do mar profundo na Terra. Na ausência de luz solar, existe uma necessidade imperiosa de outra fonte de energia. Nas profundezas do mar, os vulcões submarinos cumprem esta tarefa. Com base em resíduos de compostos químicos de peróxido de hidrogénio e ácido sulfúrico, era inicialmente razoável supor que alguma forma de actividade vulcânica poderia ser esperada nas profundezas do oceano na Europa. Foram também encontrados vestígios de cloreto de sódio, que conhecemos na Terra como sal comum. Se estes compostos têm efectivamente origem nas profundezas da Europa ainda não foi esclarecido. É igualmente possível que os resíduos de enxofre provenham da lua vizinha Io. O optimismo em torno da questão de saber se a Europa poderia eventualmente albergar vida diminuiu um pouco nos círculos de investigação ao longo das décadas. Embora as condições sejam melhores do que em muitos outros corpos celestes conhecidos, a proximidade de Europa a Júpiter continua a ser um obstáculo. A lua está no meio da faixa de radiação do gigante do gás - por isso Europa está exposta a uma dose elevada e permanente de radiação. Alguns microrganismos podem sobreviver em ambientes com elevada radiação. Para formas de vida mais elevadas, no entanto, isto significa um ambiente hostil. Este facto não leva à suposição de que formas de vida evoluídas possam realmente ser encontradas em Europa. No entanto, Europa está excluída para uma missão tripulada, apesar da condição promissora. No actual estado da tecnologia, não seria possível proteger eficazmente a radiação. Assim, uma visita a esta lua seria fatal para os humanos e é considerada praticamente impossível.

O SATURNO

Quase nenhum planeta dispara mais a imaginação dos fãs de ficção científica e dos astrónomos amadores do que Saturno. Não admira, pois a sua aparência distingue-o claramente dos outros planetas do nosso sistema solar. Os anéis de Saturno dão-lhe uma aparência marcante e particularmente estranha. Tal como o seu vizinho, Saturno é um gigante do gás, mas um pouco mais pequeno. Com 92 massas terrestres, tem cerca de um terço da massa de Júpiter. No entanto, não poderia ser descrito como pequeno: Saturno é o terceiro maior corpo celeste do nosso sistema solar depois do Sol e Júpiter. Esta é também a razão pela qual o gigante do gás é relativamente fácil de observar a olho nu.

Como um gigante do gás, Saturno não tem uma superfície sólida no verdadeiro sentido da palavra. A sua atmosfera consiste principalmente em hidrogénio (93 por cento). O hélio constitui os restantes 7 por cento. Outros gases estão também presentes, incluindo o amoníaco e o metano. Se penetrarmos mais profundamente nesta atmosfera, os gases alteram o seu estado de agregação. Tornam-se líquidos. Isto é devido às imensas pressões dentro do limite. Um limite fixo quando esta mudança de gás para líquido tem lugar é difícil de definir e não pode ser delimitado com precisão. Finalmente, atingimos uma camada metálica e o núcleo subjacente de Saturno, que é de massa relativamente baixa em comparação com outros planetas e é composto por gelo e silicato.

Saturno está a passar por condições climatéricas difíceis. Uma densa cobertura de nuvens envolve o planeta. Esta camada reflecte a luz solar incidente. Esta é também a razão pela qual Saturno é praticamente radiante e pode ser visto claramente da Terra. Estas nuvens consistem principalmente em amoníaco. Nos pólos, em particular, há uma viva actividade meteorológica, que se reflecte em redemoinhos que permanecem firmemente no lugar e dificilmente suportam a comparação com as tempestades na Terra. No pólo norte de Saturno, por exemplo, foi registado um redemoinho com um diâmetro de 25.000 quilómetros. Também no pólo sul, encontramos uma tal tempestade, que se parece visualmente com um furacão na Terra. Mas mesmo no extremo sul, as dimensões ultrapassam as nossas escamas terrestres: este redemoinho mede cerca de 8.000 quilómetros de diâmetro. O facto de as tempestades ocorrerem de forma tão constante e grande nos pólos de Saturno deve-se a uma característica especial do gigante do gás. Em quase todos os planetas que conhecemos, as temperaturas são em média mais frias do que seriam no equador, por exemplo. Saturno é um pouco diferente. É ligeiramente mais quente no pólo sul. Como um planeta que está bastante longe do Sol, o "calor", tal como o pensamos, é definido de forma um pouco diferente. Em média, a atmosfera do gigante do gás é um frio de 139 graus negativos. O facto de ser um pouco mais suave no Pólo Sul não se deve ao Sol. Pelo contrário, os cientistas encontraram ali uma espécie de célula quente, caracterizada por gases ascendentes e descendentes, que aquecem a atmosfera durante este processo e são responsáveis pela formação da tempestade do tipo furacão. Uma observação semelhante pode ser feita na Terra. Se as camadas de ar frio e quente se encontram na nossa atmosfera, desenvolvem-se trovoadas, que felizmente não atingem as dimensões do planeta de gás. No entanto, é possível uma comparação. O furacão Sandy, que causou uma destruição generalizada na América do Norte e América Central em 2012, foi um quarto do tamanho da tempestade permanente no pólo sul de Saturno, com um diâmetro de 2.000 quilómetros.

No que respeita ao clima, Saturno partilha muito mais características com Júpiter do que com a Terra. Encontramos aí um fenómeno meteorológico muito semelhante ao "Grande Ponto Vermelho" (GRF) de Júpiter. A "Grande Mancha Branca" aparece lá quase de 30 em 30 anos.

Saturno tem um campo magnético que protege o planeta das interacções com o vento solar. É cerca de 20 vezes mais fraco do que o de Júpiter. Como se formou ainda não é totalmente compreendido. Suspeita-se que é formado por um efeito de dínamo do núcleo. A magnetosfera do planeta é influenciada por condições externas. Tanto os anéis como a lua Titan, que é particularmente interessante para a ciência, têm um efeito sobre o campo magnético. Antes de virarmos a nossa atenção para os seus satélites, vamos primeiro dar uma vista de olhos ao sistema de anéis proeminentes. Antes de mais, temos de dissipar um rumor generalizado: os anéis de Saturno não são discos densos. Do nosso ponto de observação - a Terra - eles só têm esse aspecto. Para vermos a verdadeira natureza dos anéis, temos de nos aproximar significativamente do planeta. Isto é possível por meio de sondas. A Voyager 1, por exemplo, forneceu dados reveladores em 1981: Vistos de perto, os anéis não estão fechados, mas consistem num número extremamente grande de partículas de poeira, detritos e gelo. O seu diâmetro pode variar significativamente. Cada tamanho está presente, desde os grãos de poeira mais pequenos até aos grandes pedaços de rocha. No total, estes supostos discos formam um sistema de anéis constituído por sete anéis individuais, que os astrónomos designaram com as letras A a G. Os vários anéis não são uniformes. Os vários anéis não têm uma estrutura uniforme e diferem em forma e massa. Em geral, eles são muito finos pelos padrões do universo. Alguns têm uma espessura de apenas dez metros. O máximo é descrito como 100 metros. No entanto, estas diferentes escalas são importantes para a visibilidade. Enquanto os anéis mais grossos podem ser observados mesmo com um simples telescópio (o sistema de anéis de Saturno foi descoberto e descrito por Galileu Galilei em 1610), outros parecem apenas uma película de poeira mal visível no espaço.

No entanto, a divisão em anéis de A a G é relativamente grosseira. Se olharmos mais de perto para os anéis, vemos que são possíveis até 100.000 subdivisões individuais. Os sete anéis subdividem-se de acordo com a densidade e aparecem por vezes mais, por vezes menos "espessos". Isto é comparável, pelo menos visualmente, com os anéis de idade na secção transversal de uma árvore. Estas diferenças são devidas à gravitação e às interacções de Saturno com as suas numerosas luas. Assim, a questão de saber por que razão os anéis têm a sua aparência distintiva está em grande parte resolvida. No entanto, as opiniões entre os astrónomos diferem quanto à sua origem. Uma teoria possível é que os anéis são os restos de uma antiga lua que foi dilacerada e praticamente pulverizada pelas forças das marés. Há também especulações sobre se o satélite em questão foi destruído por um asteróide e os anéis consistem nos destroços da lua e do asteróide.

Saturno tem muitas luas: a partir de hoje, 82 satélites deste tipo foram descobertos. Pode assumir-se que o número não é definitivo. Os astrónomos continuam a encontrar novas luas, mas estas são relativamente pequenas. A existência das maiores é por vezes conhecida há séculos. A lua mais conhecida de Saturno, mas também a maior e mais fascinante, é a de Titã. Com um diâmetro de 5.150 quilómetros, a sua massa distingue-a do resto das luas. A segunda maior lua, Rhea, tem um diâmetro de apenas 1.528 quilómetros. O mais pequeno dos satélites à volta de Saturno chama-se S/2009 S1 e mede apenas 300 metros de diâmetro. Estas pequenas luas foram encontradas em tão grande número que a ciência até se poupou a dar-lhes os seus próprios nomes. Em vez disso, as novas descobertas recebem apenas um número de série.

Mas voltemos ao Titan, que tem algumas características especiais. Com Mercúrio, Marte e Vénus, já conhecemos planetas que são descritos como semelhantes à Terra. Mas quem poderia pensar que uma remota lua gelada de Saturno poderia ser o corpo celeste mais parecido com a Terra no sistema solar? Titã não se parece nem de longe com a Terra. O que há de especial no satélite de Saturno: É considerado o candidato mais promissor para a vida para além da nossa Terra. No entanto, temos de nos despedir da ideia de que ali pode existir vida superior. Apesar de todas as semelhanças, as diferenças são óbvias. A lua encontra-se muito fora da zona habitável e é, portanto, amargamente fria. Na superfície há uma temperatura gelada de cerca de 180 graus centígrados negativos. O que há de especial em Titan é a sua atmosfera: é espessa e rica em azoto e, portanto, não é de todo diferente da nossa atmosfera terrestre. Em suma, o nosso planeta e a lua de Saturno são os únicos corpos celestes no sistema solar cuja atmosfera é constituída por nitrogénio. Com 98,4%, o azoto é de longe o elemento ou gás mais comum na atmosfera. Outros componentes são, por exemplo, o árgon e o metano, que é muito mais comum nas camadas superiores. A razão pela qual o nitrogénio está presente em grandes quantidades deve-se à influência do sol. O amoníaco nasce das rochas na superfície e é decomposto pelo sol. Os dois compostos que são posteriormente formados são o nitrogénio, mas também o hidrogénio. Enquanto o nitrogénio pesado permanece na atmosfera, o hidrogénio leve dissipa-se no espaço através do vento solar. Nem a gravidade do titânio nem o seu campo magnético são suficientes para impedir que o hidrogénio desapareça.

O que é especial no titânio, contudo, é que para além destes gases, foram também detectados compostos orgânicos, pelo menos em vestígios. Foram detectados compostos complexos de carbono nas camadas superiores da atmosfera de Titânio. Estes compostos são considerados como os blocos básicos de construção da vida e esta é uma das razões pelas quais o Titânio é de particular interesse para a ciência. Estas moléculas pesadas devem formar - pelo menos segundo o astrofísico Carl Sagan - as chamadas "tholins", uma forma de moléculas que são ainda de composição desconhecida. Em qualquer caso, estas são supostamente responsáveis pelo véu laranja que envolve Titã. Supõe-se também que moléculas comparáveis também ocorreram na Terra em tempos pré-históricos. Isto aproxima-nos mais um passo da teoria do desenvolvimento da vida. Na Terra, este processo foi finalmente bem sucedido. Titã não é, portanto, apenas de interesse porque a vida poderia eventualmente formar-se ali. Mas também porque as condições poderiam ser muito semelhantes às do início da Terra. Assim, o estudo de Titã oferece a possibilidade de aprender mais sobre a história e evolução primitiva no nosso planeta. Por outras palavras, Titã poderia ser uma janela para o passado da Terra. Um grande problema, contudo, é a temperatura que prevalece na lua de Saturno. As duras temperaturas abaixo de zero tornam virtualmente impossível a evolução da vida tal como a conhecemos. É verdade que existe uma forma de efeito de estufa devido à densa cobertura de nuvens, que aquece Titã. Mas isto não é quase suficiente para temperaturas favoráveis à vida, e os números de graus permanecem na faixa dos três dígitos menos em todo o Titã. Como já foi mencionado, fases preliminares de uma fase inicial de evolução poderiam, no entanto, estar a ter lugar. É também significativo que existam supostamente lagos de etano ou metano na superfície de Titã. Aí, prevalecem condições que poderiam, em princípio, abrigar os precursores da vida. Os investigadores da Universidade do Arizona puderam conduzir uma interessante experiência sobre a composição atmosférica do titânio. Misturaram os componentes da atmosfera, nomeadamente azoto, metano e monóxido de carbono, juntos em laboratório. O resultado foi espantoso. Após a exposição desta mistura a fortes radiações, formaram-se aminoácidos sem qualquer outra intervenção, que são um elemento básico do que conhecemos na Terra como proteínas. Isto permite-nos olhar para a evolução da Terra a partir de uma perspectiva completamente diferente. Em geral, a investigação pressupõe que os primeiros vestígios de vida surgiram numa "sopa primordial", ou seja, num líquido. A experiência dos investigadores americanos permite uma conclusão diferente. É concebível que o desenvolvimento dos primeiros precursores da vida na Terra não teve lugar num líquido, mas num meio gasoso - ou seja, a atmosfera terrestre.

A pressão sobre a superfície é cerca de metade da pressão sobre a Terra e é quase exactamente 1,5 bar. Outras condições em Titan são também bastante desconfortáveis, por exemplo, o clima. A turbulência não existe apenas na atmosfera. Na superfície, podem formar-se tempestades gigantescas de poeira. Esta poeira ou areia é constituída por hidrocarbonetos. Estas tempestades duram geralmente apenas várias horas, mas podem afectar áreas enormes. A sonda espacial Cassini registou uma tal tempestade de poeira, que cobriu uma área de cerca de 420.000 quilómetros quadrados. Actualmente, sabe-se relativamente pouco sobre a superfície de Titan e em comparação com outros corpos celestes do sistema solar.

Isto deve-se à cobertura de nuvens que obscurece permanentemente a visão da superfície da lua, tornando-a difícil de ver. No entanto, parece que não existem grandes cadeias de montanhas em Titã. Elevações de mais de 150 metros raramente são encontradas. Uma excepção é uma região com o nome sonoro Xanadu, que se situa perto do equador e cobre cerca de 4.500 quilómetros. Esta região aparece particularmente brilhante em fotografias. Os investigadores foram capazes de reconhecer ali cadeias de montanhas cujos picos sobem até dois quilómetros de altura. A semelhança com as montanhas da nossa Terra é espantosa. Em Titan, no entanto, estas montanhas consistem principalmente em gelo de água instável. Isto também explica a cor mais clara em Xanadu. A chuva - que em Titã, já agora, não consiste em água mas sim em metano - e os efeitos do vento poderiam ter criado aqui grandes sistemas de cavernas. O metano praticamente lava os "icebergs". E isso é outro paralelo ao nosso planeta. Na Terra, as cavernas também se formam desta forma.

É verdade que uma grande parte da actividade geológica tem sido observada para Titan. Mas as montanhas de Titã provavelmente não provêm de movimentos tectónicos, mas do facto de a lua ter diminuído um pouco ao longo de milhões de anos. Se esta teoria estiver correcta, podemos imaginar Titã como um balão do qual o ar está a escapar lenta mas firmemente. Também aqui, podemos ver deformações na superfície da borracha. Estas falhas e dobras representam as cadeias montanhosas no exemplo de Titã. No caso da lua, no entanto, não há fuga de qualquer substância em particular. Pode assumir-se que Titã arrefeceu de forma constante ao longo do tempo. É suposto haver um oceano sob a superfície de Titã, que congela gradualmente devido a este efeito. Isto faz com que o oceano perca volume. O resultado é que a superfície fica enrugada.

A composição da superfície é bastante complexa e mais diversificada do que seria o caso noutras luas e planetas. Cassini-Huygens foi capaz de detectar gelo feito de água, que é parcialmente coberta por lagos de metano. A forma do hidrocarboneto presente é um mistério particular. A questão da forma em que a molécula se encontra ainda não foi respondida. As experiências de laboratório também não produziram os resultados desejados.

A superfície de Titã tem algumas semelhanças na aparência com as luas de Júpiter. Titã é também marcada por algumas crateras de impacto. Embora isto se deva principalmente à actividade vulcânica ou a uma camada de gelo nas luas de Júpiter que já conhecemos, em Titã a chuva de metano é responsável por uma renovação regular da superfície. Do mesmo modo, os ventos levam a um efeito semelhante. As novas crateras de impacto são sopradas com poeira. Na Terra podemos observar um fenómeno semelhante e as condições são também comparáveis aqui. Há também comparativamente poucas crateras deste tipo no nosso planeta. Mas as circunstâncias são um pouco diferentes, porque na Terra a vegetação também torna as crateras menos visíveis. Além disso, a maior parte da superfície da Terra está debaixo de água e, portanto, também os locais de impacto dos meteoritos. É também dada grande importância à atmosfera, que em Titan tem uma função semelhante à da Terra: funciona como um escudo protector. Enquanto noutros planetas com atmosferas sem ou muito pouco desenvolvidas os meteoritos atingem quase sem obstáculos, como é o caso em Mercúrio, por exemplo, uma grande proporção - cerca de metade - dos meteoritos ardem antes de poderem atingir a superfície de Titã. Felizmente, temos o mesmo efeito sobre a Terra.

Devido às suas muitas semelhanças com a Terra, Titan é e tem sido um alvo de várias missões espaciais não tripuladas. Embora já tenhamos fotografias da superfície, Titã - como aprendemos - ainda guarda uma série de mistérios diferentes e excitantes que a ciência ainda está a tentar resolver.

O URANO

Se deixarmos os dois poderosos gigantes de gás Saturno e Júpiter atrás de nós na viagem para as fronteiras do nosso sistema solar, chegamos a Urano, um chamado gigante do gelo. É muito semelhante em estrutura e propriedades ao seu vizinho imediato, Neptuno. Urano faz as suas rondas à volta do sol a uma enorme distância. O planeta está a três mil milhões de quilómetros de distância da nossa estrela. Não admira que esteja muito frio ali: a temperatura na atmosfera é de cerca de - 197 graus Celsius. Além disso, um ano é extremamente longo, pelos nossos padrões. Urano precisa de 84 anos terrestres orgulhosos para orbitar o Sol.

Não existe uma superfície real no planeta, mas sim uma substância líquido-gás. Já o sabemos de outros planetas de gás. Em vez disso, o planeta consiste em grande parte numa atmosfera relativamente fina que se liquefaz cada vez mais na direcção do interior do planeta. Isto deve-se principalmente às condições de pressão cada vez maiores. Essencialmente, a atmosfera é constituída por elementos que já nos são muito familiares no universo: Hidrogénio e hélio. No entanto, o hidrogénio constitui a parte significativamente maior, com cerca de 83 por cento. Finalmente, existe uma percentagem de sete por cento de hélio, bem como quantidades menores de metano e outros elementos como o deutério. A proporção entre hélio e hidrogénio é muito interessante porque tem muitas semelhanças com a composição do sol. Acredita-se que existem também vestígios de gelo de metano, gelo de amoníaco, gelo de água e sulfureto de hidrogénio de amónio na atmosfera. O gelo de metano forma nuvens na atmosfera superior. Para nós, isto é significativo porque é responsável pela coloração marcante de Urano. A luz solar na parte avermelhada do espectro é absorvida. A parte azul, no entanto, pode passar sem obstáculos. Esta é a razão pela qual Urano nos aparece na sua coloração de azul a verde. Nesta camada de nuvens mais elevada, prevalecem as temperaturas subzero mais elevadas de até 221 graus centígrados negativos. Por baixo deste sino atmosférico de hidrogénio, hélio e metano, encontra-se um núcleo duro de rocha. Pelo menos é isso que os astrónomos assumem. Contudo, em comparação com a concha de gás, é bastante pequena e diz-se que é constituída por gelo de água e silicato.

Também quase não há calor no interior, fazendo de Urano um planeta muito frio, mas também calmo. Em comparação com as condições turbulentas de Júpiter, ocorrem menos tempestades em Urano. Isto também pode ser atribuído ao frio ubíquo e bastante uniforme. Embora também tenham sido registados furacões na atmosfera, estes são menos intensos. No entanto, estes fenómenos meteorológicos podem ser facilmente observados na "superfície" visualmente apelativa de Urano, dependendo da sua força e tamanho. Algumas destas tempestades foram mesmo visíveis através de um telescópio amador. No entanto, são omnipresentes as nuvens de metano congeladas, que fornecem tonalidades diferentes em função da sua densidade.

À semelhança de Saturno, Urano tem um sistema de anéis, mas é muito mais difícil de observar. Foi descoberto um total de cinco anéis. Embora os anéis de Saturno pareçam discos, os de Urano parecem muito mais finos. E são: a proporção de grandes pedaços de rocha até um diâmetro de dez metros é muito maior do que no caso dos anéis de Saturno. Em troca, a proporção de pó mais fino é muito mais baixa, o que é obrigatório para uma melhor visibilidade. É por isso que a detecção dos anéis de Urano em 1977 foi apenas indirecta. Enquanto observavam Urano, os cientistas James L. Elliot, Edward D. Dunham e Douglas J. Mint notaram breves limitações na visibilidade do planeta - recorrentes cinco vezes. Assim, algo tinha de estar na linha de visão. E a solução foram os cinco anéis, que foram descobertos praticamente apenas por acaso. Esta forma de observação indirecta tornou-se um método padrão para a astronomia. Especialmente quando estamos interessados em explorar o universo fora do nosso sistema solar e em detectar exoplanetas. Analisaremos este excitante tópico com mais detalhe noutro capítulo.

Urano tem algumas luas. Mas de longe não há tantas como com os seus "grandes parentes". A partir de agora, um total de 27 são conhecidos. As luas de Urano são também muito mais pequenas do que os satélites como Io ou Titan. A maior chama-se Titânia, tem um diâmetro de cerca de 1.500 quilómetros e é uma lua gelada.

O NEPTUNO

No limite do sistema solar, Neptuno espera-nos, o oitavo planeta e, a cerca de 4,5 mil milhões de quilómetros, de longe o mais distante do Sol. Devido à sua distância da nossa estrela, prevalecem aí temperaturas geladas de cerca de 200 graus negativos, e nas camadas inferiores da sua atmosfera chega mesmo aos 218 graus negativos. Neptuno, tal como o seu vizinho - Urano - que se assemelha muito, é também um gigante do gelo e tem cerca de 58 vezes a massa da Terra e quatro vezes o seu diâmetro. Se compararmos os dois gigantes do gelo Neptuno e Urano, notamos que Neptuno é mais pequeno mas mais maciço. No entanto, as semelhanças superam as diferenças, especialmente quando se trata da composição da atmosfera. Consiste na maior parte dos elementos básicos do universo: hidrogénio e hélio. Além disso, encontramos quantidades menores de metano. O metano é também responsável pela cor azulada do planeta. Tal como Urano, as nuvens de metano absorvem a parte avermelhada do espectro da luz. Apenas a luz azul é reflectida e faz com que o gigante do gelo pareça um azul forte, que parece um pouco mais rico do que em Urano. Isto pode ser devido a outros componentes da atmosfera. No entanto, que elementos ou compostos são exactamente estes, ainda não foram esclarecidos.

À semelhança dos outros planetas a gás do nosso sistema solar, quase não se coloca a questão de Neptuno ter uma superfície. A atmosfera liquefaz-se em camadas mais profundas e envolve um núcleo pequeno e sólido. Pensa-se que o núcleo de Neptuno é do tamanho da Terra e feito de metal incandescente e quente. Podemos imaginar a camada difusa e envolvente de líquido como um oceano, constituída por rocha, amoníaco e metano, mas também com porções de água.

Se olharmos mais de perto para a atmosfera, podemos ver muitos paralelos ao planeta vizinho Urano - mas também existem diferenças sérias que nos apresentam alguns puzzles. O clima de Neptuno é algo único no nosso sistema solar e vai para além de todos os superlativos. Foram registadas velocidades do vento superiores a 1.600 km/h dentro da atmosfera do gigante do gelo, e por vezes até são mencionados 2.100 km/h. Estas escalas são inimagináveis, e não apenas para o nosso planeta. Em nenhum planeta do sistema solar foram calculados valores de pico semelhantes. Isto está em forte contraste com Urano. Para lá, no máximo, os ventos fracos são registados. Como surgem estas velocidades, apesar de todas as semelhanças na natureza dos dois planetas? Os ventos são causados por térmicas, ou seja, a interacção do sol com a atmosfera. As camadas aquecidas da atmosfera sobem, as camadas mais frias afundam-se. Isto é praticamente o mesmo em todos os planetas de que temos conhecimento. Estas forças equilibram-se mutuamente até um certo ponto. O sol impulsiona os ventos e, inversamente, atrasa-os. Em comparação com Neptuno, Urano está muito mais próximo do Sol. A sua influência sobre a atmosfera é, portanto, ainda mais forte. Devido a este impulso e à desaceleração simultânea, as velocidades do vento aqui permanecem comparativamente baixas. Em Netuno, a força também está presente, mas devido à baixa intensidade do Sol, isto acontece com um atraso e durante um longo período de tempo. Uma vez que os ventos são empurrados e a velocidade aumenta, o efeito decrescente também leva muito tempo. Assim, embora os ventos se desenvolvam lentamente, podem desenvolver uma força tremenda antes de se aplanarem novamente. O poder regulador do sol é assim grandemente reduzido. Noutros sistemas climáticos, desenvolver-se-ia uma turbulência que tiraria a força do vento relativamente depressa. Foram observados ciclones dentro da atmosfera de Neptuno. Estes ciclones têm uma semelhança com a "Grande Mancha Vermelha" de Júpiter. Um sistema particularmente grande, que os cientistas baptizaram de "Grande Mancha Negra", é impressionante. Há também semelhanças com Saturno, que tem uma dinâmica meteorológica semelhante. Parece que ao olhar para as velocidades do vento, apesar dos seus extremos, não é Neptuno mas Urano com a sua "calma" que é o espécime bastante excepcional entre os planetas de gás do nosso sistema solar. Contudo, o facto de, no caso de

Netuno, o sol e a sua distância desempenharem um papel importante na formação dos ventos é apenas uma teoria. De outro ponto de vista, a possibilidade de o núcleo quente de Netuno desempenhar um papel na formação de sistemas eólicos maiores através da sua emissão de calor também está a ser jogado fora.

Em comparação com os outros planetas, o campo magnético do gigante do gelo é bastante fraco. No equador, o campo é cerca de cinco por cento tão forte como o campo magnético da Terra. No entanto, nos pólos existem fenómenos ópticos comparáveis às auroras.

Um pequeno sistema de anéis envolve Neptuno, consistindo essencialmente em discos de pó. Assim, os anéis são claramente visíveis, brilham num azul rico e são comparativamente escuros. Contudo, a observação directa é difícil; os anéis são muito finos. Tal como com o sistema de anéis de Urano, a descoberta foi feita de uma forma arredondada através de um escurecimento visível quando se observa o próprio planeta. Um total de sete anéis completos são actualmente conhecidos. O termo "completo" é importante no caso dos anéis de Neptuno. Isto porque também são encontrados os chamados anéis de arco. Estes arcos são bastante segmentos de anéis. São muito fracos e brilhantes e curiosamente difíceis de explicar fisicamente. Em particular, o facto de serem apenas segmentos de um anel levantou mais questões do que respostas. De acordo com as leis do movimento aplicáveis, seria de esperar que o material dos segmentos se espalhasse para formar um anel completo. Possivelmente a atracção gravitacional das luas próximas desempenha o papel decisivo - esta era a teoria mais comum. Finalmente, a sonda espacial Voyager 2 conseguiu contribuir com resultados decisivos para esclarecer esta questão. O facto de os anéis parecerem incompletos é mais ou menos uma ilusão óptica, dependendo se as partículas de poeira dentro dos arcos/anéis são iluminadas pelo sol. Apenas a curta distância - e isto foi possível durante a visita da sonda em 1989 - o mistério pôde ser resolvido após a observação a partir da Terra não ter conseguido fornecer uma solução.

No entanto, muitas das propriedades de Neptuno ainda levantam questões. Este é também o caso quando olhamos mais de perto para os anéis completos. O facto de existirem sete anéis, como mencionado acima, ainda não foi completamente esclarecido. Assim, a existência de pelo menos um destes anéis completos é considerada incerta e teórica.

Há 14 luas a orbitar Neptuno. Pelo menos a sua existência é certa, mas não é impossível que possa haver mais. De longe a maior e mais notável lua foi chamada Tritão, que tem um diâmetro de cerca de 2.700 quilómetros. Isto faz com que Tritão seja o único a correr na frente entre as luas de Neptuno. Em termos de diâmetro, o satélite Proteus de

Neptuno vem em segundo lugar, com um diâmetro médio de apenas 416 quilómetros. A lua gelada Tritão não só é comparativamente grande, como tem uma massa considerável. É a sétima maior lua do sistema solar. Com uma temperatura de quase 238 graus negativos, faz muito frio em Tritão e a superfície parece cicatrizada, embora se possam ver bastante poucas crateras de impactos de meteoritos. A superfície mostra sinais claros de actividade sísmica. Os géiseres que lançam uma mistura de azoto e detritos até 8.000 metros no ar são ampla e claramente visíveis nas imagens fotográficas do Voyager 2. A órbita de Tritão em torno de Neptuno é muito estreita e encontra-se, portanto, na esfera de influência das forças das marés do planeta. Esta órbita estreita é a razão pela qual Tritão enfrenta um destino semelhante ao de Phobos, a maior das duas luas de Marte. Ou Tritão será dilacerado num futuro distante ou irá chocar com Neptuno.

A TERRA

Se deixarmos Neptuno para trás, teremos completado a nossa viagem de planeta para planeta. Dedicámo-nos aqui apenas aos dados-chave mais importantes dos planetas, comparámo-los uns com os outros e apresentámos as suas características especiais. Apesar de muitas propriedades serem semelhantes, cada uma delas tem características muito específicas. Assim, apesar de todas serem semelhantes, continuam a ser muito diferentes. Agora surge a emocionante questão: quais são as condições dos planetas que ainda não explorámos? Mas antes de sairmos dos limites do nosso sistema solar, vamos dar outra vista de olhos ao nosso ambiente imediato: a Terra. Com as estruturas de superfície com formas diferentes, a composição atmosférica e as forças dos campos magnéticos, podemos encontrar semelhanças e diferenças. Mas qual é a situação que se nos apresenta? Não podíamos encher um livro com conhecimentos sobre a Terra, mas sim salões inteiros cheios de estantes de livros. No entanto, vamos permitir-nos olhar um pouco para o nosso planeta natal.

A Terra é o planeta mais espectacular do universo. Pelo menos enquanto não tivermos descoberto outro planeta que ultrapasse a Terra. Para que isto tenha êxito, é necessária uma característica importante que só existe no nosso planeta de origem: a vida. Segundo o nosso conhecimento actual, a Terra é o único corpo celestial em que a vida existe de todo. Os blocos básicos de construção da vida já foram descobertos em vários outros planetas e luas. Titã deve ser explicitamente mencionado aqui mais uma vez. Mas a Terra é com absoluta certeza o único planeta no nosso sistema solar em que a vida complexa e até inteligente é possível. As condições no nosso planeta são únicas, mas também muito frágeis. Nos milhões de anos que passam como um piscar de olhos no nosso universo, tais condições podem mudar rapidamente. Uma testemunha é Marte, que perdeu a sua atmosfera protectora ao longo do tempo. Poderá um destino semelhante suceder à Terra? A resposta é: sim, claro. Mas ainda estamos muito longe disso, porque os processos no universo são muito ponderosos do nosso ponto de vista. Embora a Terra seja um planeta especial, é "apenas" um planeta que partilha muitas propriedades com os seus vizinhos no sistema planetário interior.

Se tivermos em conta as dimensões dos outros planetas, a nossa Terra é de facto bastante pequena. O diâmetro é de 12.700 quilómetros. O ar que respiramos não é constituído na sua maioria por oxigénio. Por isso, podemos esclarecer de imediato um preconceito comum. O nitrogénio constitui a maior parte da nossa atmosfera, com 78 por cento. O oxigénio segue com 21% do total. O último 1% é constituído por gases nobres, especialmente o árgon. Outros componentes são o vapor de água e o dióxido de carbono.

A temperatura média da superfície é de 15 graus Celsius. No entanto, flutuações são possíveis dependendo da região. Por exemplo, já foram medidos menos 89 graus Celsius na Antárctida e quase 57 graus no Parque Nacional do Vale da Morte na América do Norte. Se contrastarmos isto com as flutuações de temperatura de outros planetas, notamos que as diferenças entre Marte, por exemplo, e a Terra não são tão diferentes. Afinal, no pico dos graus, Marte pode ficar mais quente do que a temperatura média da superfície terrestre.

A superfície da terra é constituída por 71 por cento de água, pelo que as massas de terra constituem apenas 29 por cento. A proveniência desta água ainda não é totalmente compreendida. Algumas teorias sugerem que a água provém do interior da Terra e é gasta como vapor de água em resultado da actividade vulcânica. Outra teoria é que meteoritos e asteróides ricos em água atingem a Terra e assim trouxeram a água ao nosso planeta.

O núcleo da Terra é constituído por duas partes: O exterior, núcleo líquido e o interior, núcleo sólido. Ambas têm em comum as altas temperaturas que aí prevalecem. O núcleo exterior é constituído principalmente por ferro e níquel. Uma vez que os rácios de densidade que aí prevalecem não correspondem às propriedades destes dois metais, pode assumir-se que outros elementos também devem estar presentes em proporções menores. Exactamente qual é o elemento que está presente varia de teoria para teoria. Em geral, a investigação favorece que possa ser silício e oxigénio. Outros elementos como o enxofre, o carbono e o hidrogénio poderiam também estar aí presentes. A composição do núcleo interior é conhecida. O centro brilhante e sólido do nosso planeta é constituído por 80% de ferro, com o níquel a constituir os restantes 20%. Já conhecemos esta "receita" de outros planetas. A "irmã" da Terra - Vénus - tem um núcleo com a mesma composição. O campo magnético que protege o planeta do vento solar, que é prejudicial aos organismos, é criado no interior da Terra. Já aprendemos sobre a importância do campo magnético nos primeiros capítulos. Sem este escudo protector, a vida nunca poderia ter-se desenvolvido na Terra.

O núcleo interior e exterior da Terra estão rodeados pelo manto, que também pode ser dividido numa parte superior e numa parte inferior. Em geral, o manto da Terra é constituído por dois compostos. O óxido de silício é a parte mais importante do manto, representando cerca de 46 por cento. O óxido de magnésio constitui outro bom terço (cerca de 38%). Outros componentes são o óxido de ferro, o óxido de alumínio, o óxido de magnésio e o óxido de cálcio. Além disso, encontramos também o óxido de potássio.

A crosta terrestre encerra o manto. É praticamente aquilo a que chamamos a superfície da terra. Há duas diferenças: a crosta oceânica e a continental, que diferem muito na sua composição e densidade. Em termos simples, encontramos a crosta oceânica onde a superfície é coberta por água e a crosta continental onde existem massas de terra - essa é a definição mais simples. Em geral, a crosta oceânica é formada onde as placas tectónicas se afastam. Ali, o magma atinge a superfície, arrefece e eventualmente forma este tipo particular de superfície. Essencialmente, os dois tipos não diferem um do outro. Consistem principalmente em silício e oxigénio. No entanto, em detalhe, podem ser encontradas diferenças: A crosta oceânica tem uma maior proporção de magnésio, a crosta continental uma maior proporção de alumínio. Em percentagens baixas, a composição da crosta terrestre como um todo é dominada por uma proporção elevada de elementos diferentes. Quase todos os elementos que conhecemos se encontram na crosta. No entanto, o facto de a Terra ter duas formas de crosta não é comum. Na exploração dos outros planetas, este fenómeno só tem sido encontrado até agora na Terra.

Durante a viagem através do nosso sistema solar, não só observámos mais de perto os planetas, mas também as suas luas, especialmente as que têm certas características especiais. A lua da nossa Terra também é especial: é a única lua que temos. No início da história da humanidade, ficámos fascinados com o grande disco brilhante no céu. Devido a esta atracção, à sua relativa proximidade e conhecimento científico, a lua adquire um significado ainda maior para nós, humanos. Afinal, é o único corpo celeste para além da Terra que um ser humano alguma vez pisou.

A estrutura da lua não é menos interessante. Embora já tenhamos aprendido sobre a atmosfera da lua nos capítulos anteriores, analisamos agora a sua composição. A superfície consiste em rególito, uma estrutura de superfície que foi destruída e praticamente "desmoronada" por influências externas. Este rególito encontra-se solto na superfície e foi formado pelos impactos de meteoritos que têm vindo a cair sem controlo sobre a Lua há milhões de anos. A rocha dos meteoritos mistura-se assim com a rocha original. Esta mistura é trivialmente chamada apenas rocha da lua (ou pó da lua) e é constituída por muitos elementos diferentes. O silício constitui cerca de metade do regolito lunar. Outros componentes são o alumínio, cálcio, magnésio, ferro, sódio e potássio. Uma característica especial é a ocorrência de titânio, embora em baixa abundância. Há uma teoria de que existem elementos bastante exóticos sob a crosta da lua. Suspeita-se da ocorrência de terras raras. Podemos também encontrar características especiais no próprio regolito. Por exemplo, a ocorrência de hélio-3, um isótopo estável de hélio, tem atraído o interesse especial dos cientistas. Este isótopo, que é muito raro na Terra, é utilizado em criogenia e tecnologia médica. É frequentemente retratado na ficção científica que o hélio-3 é suposto estar presente em massa na lua. No entanto, não é este o caso. Embora o hélio-3 seja mais abundante no nosso satélite do que na Terra, isto não significa que seja literalmente abundante na Lua. O hélio-3 é fundamentalmente um composto bastante raro, e isto também se aplica à Lua.

- Capítulo 9 -

Exoplanetas e planemos

Depois deste breve olhar sobre os planetas do nosso sistema solar, perguntamo-nos inevitavelmente: É tudo? Afinal, com milhões e milhões de estrelas, deve haver um número correspondentemente grande de planetas diferentes. A resposta é sim. Pelo menos entretanto. Durante muito tempo, prevaleceu a teoria de que o nosso sistema solar é completamente único. Já em 1989, esta tese foi desmentida. Mas apenas quase. Os astrónomos encontraram realmente um planeta extra-solar à volta da estrela Gamma Cephei b, ou seja, um objecto que se move à volta de uma estrela que não o nosso Sol. Devido a imprecisões nos instrumentos de medição da época, a ideia foi descartada apenas três anos mais tarde e a descoberta retraiu-se. Foi acordado que o objecto observado poderia "apenas" ser uma anã castanha. Dez anos mais tarde, contudo, isto também foi revisto: Entretanto, as últimas medições mostraram que se tratava de facto de um planeta real. As suas características também podiam ser descritas ou calculadas. O exoplaneta (ou seja, um planeta que não gira em torno do nosso sol, mas em torno de outra estrela) é um verdadeiro gigante com 1,6 vezes a massa do nosso

Júpiter. Também leva cerca de 900 dias a orbitar a sua estrela.

O primeiro exoplaneta que pode definitivamente ser chamado de tal foi descoberto em 1995. Os astrónomos suíços identificaram o planeta 51 Pegasi b, que gira em torno da estrela com o mesmo nome, 51 Pegasi. Esta descoberta sensacional valeu aos dois investigadores Michael Mayour e Didier Queloz o Prémio Nobel da Física. Após um concurso para encontrar um nome, baptizaram o planeta Dimidium. Isto é latim e significa aproximadamente "metade". Este nome é baseado num aspecto físico. Dimidium tem cerca de metade da massa de Júpiter. O planeta foi descoberto por meio de um espectrógrafo, que detectou uma variação mínima na velocidade radial da estrela 51 Pegasi. Isto só permitiu a conclusão de que deve haver um objecto maciço em notável proximidade. O primeiro exoplaneta foi assim descoberto. Dimidium é um planeta de gás e um chamado "Hot Jupiter". Isto leva-nos a uma visão importante: o nosso sistema solar oferece uma interessante secção transversal de diferentes tipos de planetas. Mas agora, com Dimidium, foi descoberto um planeta que é bastante diferente dos planetas a gás do nosso sistema. Como o nome "Hot Jupiter" sugere, o planeta é muito quente. Tem uma temperatura de até 630 graus Celsius e, portanto, condições completamente diferentes. Como lembrete, é muito gelado em Júpiter com cerca de 130 graus centígrados negativos. Entretanto, vários exemplos destes "Jupiters quentes" foram descobertos, apesar de serem muito raros. O facto de serem comparativamente fáceis de descobrir deve-se à sua posição. Em comparação com os planetas a gás do nosso sistema solar, os "Jupiters quentes" estão muitas vezes mais próximos do seu sol. Isto também explica as temperaturas abrasadoramente quentes.

Desde a descoberta do dimidium, tem havido um verdadeiro boom na descoberta de exoplanetas. Em Dezembro de 2020, tinham sido detectados 4.379 planetas em 3.237 sistemas solares. A grande maioria destes só pode ser detectada indirectamente. Uma grande parte foi descoberta utilizando o método da velocidade radial, como foi o caso do dimidium, por exemplo. No entanto, quase três quartos dos planetas fora do nosso sistema solar foram descobertos utilizando o método de trânsito. Um método semelhante já foi utilizado para detectar o sistema de anel de filigrana de Neptuno. A forma como o método de trânsito funciona é relativamente simples. Se observarmos uma estrela da Terra, podemos medir a sua luminosidade. Se um planeta passar por esta linha de visão, a luminosidade é afectada. A estrela aparece ligeiramente mais escura. Além disso, existem muitos outros métodos para a descoberta de exoplanetas. Contudo, estes outros métodos em conjunto representam apenas cerca de 10% dos planetas descobertos fora do nosso sistema solar. No entanto, já foi possível observar exoplanetas opticamente através da utilização de telescópios de alta resolução.

Em geral, muitos dos exoplanetas eram bastante grandes, especialmente na fase inicial de descoberta. Nessa altura, foram descobertos principalmente "Jupiters quentes" e outros planetas a gás. Entre eles estão algumas curiosidades com propriedades que podem muito bem ser consideradas "inimagináveis" para nós. O planeta de gás KELT-9b, por exemplo. O segundo planeta do sistema estelar com o mesmo nome tem uma temperatura tão quente que elementos como o ferro e o titânio se tornam lá gasosos.

Gradualmente, foram também encontrados planetas que não são tão diferentes da nossa Terra. E é claro que é um objectivo declarado da astronomia descobrir tais planetas que são tão semelhantes à Terra que poderiam eventualmente abrigar vida.

Entretanto, existe de facto uma lista de candidatos promissores. No entanto, o termo "tipo Terra" é muito amplo. O mercúrio é também semelhante à Terra, mas não poderia ser mais diferente devido às suas condições climáticas. Em comparação com os grandes planetas a gás, os dois planetas têm no entanto mais em comum do que os separa. A característica mais importante: eles são feitos de rocha, e isto constitui uma base para todas as outras considerações. Em termos de semelhança com a Terra, a ciência criou uma forma de comparar dois planetas com o ESI (o "Índice de Semelhança da Terra"). A escala varia de 0 a 1, pelo que a Terra tem um valor de 1. Os parâmetros que entram neste cálculo são densidade bruta e raio, bem como velocidade cósmica e temperatura à superfície. Com um ESI de 0,68, Marte é o mais parecido com a Terra no nosso sistema solar. Os dois planetas rochosos do sistema solar interno têm um ESI de 0,57 (Mercúrio) e 0,44 (Vénus). Com uma pontuação de 0,18, Neptuno é o mais inóspito de todos os planetas. Também vale a pena saber: a lua tem um valor de 0,56.

Fora do nosso sistema solar, foram agora descobertos planetas que estão muito próximos da Terra na sua estrutura e propriedades. Um dos candidatos mais promissores é certamente o exoplanet Teegarden b, que orbita o seu sol, estrela de Teegarden, dentro da zona habitável. A estrela de Teegarden é muito antiga. Os astrónomos suspeitam que é uma anã vermelha e castanha e, portanto, uma estrela muito antiga. Isto também tem um impacto na questão de saber se o exoplaneta seria potencialmente habitável. Estas velhas estrelas são consideradas "silenciosas": Em geral, as hipóteses não são más: o planeta rochoso tem um ESI calculado de 0,95, o que é uma semelhança espantosamente elevada com a Terra. O planeta só foi descoberto em 2015, utilizando o método da velocidade radial. Mesmo que as propriedades esperadas do Teegarden b se baseiem em extrapolações, as condições aí existentes poderiam ser impressionantemente semelhantes às da Terra. Diz-se que o exoplaneta é ligeiramente maior do que o nosso planeta (pelo menos 1,05 massas de terra), ter uma superfície rochosa e estar parcialmente coberto por oceanos de água líquida. Os cientistas suspeitam, devido à sua proximidade da sua estrela, que a superfície poderia ter uma temperatura bastante confortável de 28 graus Celsius, em média. Outro aspecto também torna o planeta interessante. A uma distância de cerca de 12,5 anos-luz, a estrela de Teegarden é a terceira estrela mais próxima do nosso Sol.

A situação é bastante diferente com o exoplanet K273-e. A sua estrela, K273, está localizada a uma distância de 227 anos-luz e é, portanto, quase inalcançável. No entanto, com um valor ESI de 0,90, é interessante. O planeta é considerado semelhante à Terra, mas existem diferenças importantes em relação à nossa Terra. K273-e não tem rotação própria - pelo menos é isso que os investigadores assumem. Devido à sua grande distância, só podem ser feitas teorias sobre as suas características. Devido a esta rotação vinculada, o planeta está dividido em duas partes. De um lado há a noite eterna, do outro é sempre dia. As diferenças de temperatura nas respectivas metades são extremas. As características especiais estão nas zonas que estão sempre em estado de crepúsculo. Temperaturas equilibradas poderiam prevalecer aí, o que poderia tornar possível a existência de água líquida. No entanto, esta não é a única possibilidade porque o K273-e poderia ser habitável: Se a atmosfera do planeta for suficientemente espessa, poderia transportar calor do lado virado para o sol, o que poderia proporcionar aquecimento no lado da noite. Isto significa que cerca de metade do planeta poderia ser habitável, o que parece muito excitante por um lado, mas também curioso.

A uma distância de 40 anos-luz da Terra, o pequeno planeta rochoso Trapist-1d orbita a sua estrela, que é presumivelmente uma anã vermelha. Embora ainda nada se saiba sobre a sua composição atmosférica, o planeta encontra-se pelo menos na zona habitável e diz-se que tem uma temperatura média de superfície de 15 graus Celsius. Parte-se do princípio de que um efeito fortemente pronunciado de estufa está ali a funcionar e que uma grande parte dos possíveis oceanos de água líquida se evaporou como resultado. No entanto, diz-se que a água residual está presente. Tal como K273-e, Trappist-1d também tem uma rotação vinculada com um lado fixo de dia e um lado fixo de noite. Também aqui, a ciência suspeita de temperaturas médias nesta zona de transição. Contudo, se e como o exoplaneta poderia realmente ser habitável, depende, em última análise, da composição da sua atmosfera. O seu valor ESI é de 0,90.

Proxima Centauri b é o exoplaneta semelhante à Terra mais próximo descoberto até agora. Do nosso sol, a sua distância

- ou a da sua estrela Proxima Centauri - é de apenas 4,2 anos-luz. Isto é apenas um lançamento de pedra na escala do universo e a razão pela qual o exoplaneta é muito interessante para nós. O planeta foi descoberto em 2016 e tem cerca de 1,1 vezes a massa da Terra. Se e como este exoplaneta relativamente próximo da Terra poderia ser habitável ou mesmo dar origem a vida, ainda não foi suficientemente esclarecido. Nem a composição da sua atmosfera nem os efeitos reais do seu sol são conhecidos. Também pouco sabemos sobre as suas temperaturas. Em geral, suspeita-se que possa estar muito frio em Proxima Centauri b. A temperatura pode ser tão baixa como menos uma. Poderia haver uma temperatura de até 73 graus negativos. Isto é verdade pelo menos no lado da noite, porque este exoplaneta também tem uma rotação vinculada. No entanto, se houver uma atmosfera espessa, isto poderia distribuir as temperaturas. Portanto, pode muito bem ser que as temperaturas sejam mais agradáveis do que o esperado. O valor do ESI deste planeta é de 0,87.

Um candidato particularmente excitante é o exoplaneta Ross 128 b, que é considerado o segundo planeta mais próximo da Terra. Neste contexto, "próximo" descreve no entanto uma distância que é imensa pelos nossos padrões. Ross 128 b está localizado a uma distância de onze anos-luz da Terra e está, portanto, duas vezes mais longe do que Proxima Centauri b. O Ross 128 b é um grande planeta. Tem uma massa de pelo menos 1,35 Terras e pontua 0,86 na escala ESI. Um factor de semelhança relativa com a Terra é a temperatura. Diz-se que o planeta tem uma temperatura de cerca de 7 graus Celsius. Não é possível dizer de forma conclusiva quão elevados são realmente os valores dos graus. Porque a atmosfera também desempenha um papel decisivo, mas até agora nenhuma afirmação pode ser feita sobre a sua composição e densidade. Como todos os outros exoplanetas que examinámos até agora, Ross 128 b tem uma rotação vinculada. Devido à sua proximidade com a sua estrela, qualquer água presente no lado solar pode eventualmente evaporar. Contudo, uma atmosfera densa poderia também assegurar uma distribuição homogénea neste caso.

Após este breve olhar sobre exoplanetas, notamos imediatamente uma diferença significativa em relação à nossa Terra. A rotação intrínseca do nosso planeta parece ser uma verdadeira excepção. E uma muito importante: afinal de contas, significa que a Terra é habitável numa vasta área e não apenas de um lado. Em vez disso, a rotação vinculada parece ser muito mais comum no universo. É claro que existem muitas semelhanças. Por exemplo, todos os planetas parecem orbitar a sua estrela. Isto é crucial, porque é a única forma de podermos falar de habitabilidade potencial. Mas será realmente o caso de todos os planetas terem de orbitar uma estrela? Não, porque há excepções. De facto, esta não é a regra, mas alguns desses planetas solitários já foram descobertos. Estes objectos que não estão gravitacionalmente ligados a uma estrela são chamados "objectos de massa planetária" ou planemo, para abreviar. O termo ilustra muito bem o que se entende por isso. Mais precisamente, refere-se a objectos que têm uma massa maior do que os asteróides, mas uma massa menor do que as estrelas mais pequenas. No meio são planetas que têm uma massa comparável aos planetas que já conhecemos. Basicamente, todos os planetas se enquadram nesta categoria no sentido original do termo. No entanto, quando falamos de planetas, referimo-nos normalmente a um planeta "vagabundo" que é livre e sem a influência da atracção gravitacional externa. A investigação aqui está ainda a dar os seus primeiros passos. A distinção entre planemos e estrelas - geralmente anãs castanhas - não é fácil. Muitas vezes a linha é desfocada, pelo menos quando se trata de massa. Um dos planemos mais emocionantes é o WISE 0855-0714 a uma distância de cerca de 7,5 anos-luz da Terra. O que o WISE 0855-0714 tem de especial é que o objecto pode ser observado directamente e é claramente distinguível do seu ambiente. Isto porque se está a mover, e a mover-se bastante depressa. Depois das duas estrelas Barnard's Star e Kapteyn's Star, ele move-se a terceira mais rapidamente. Mas de que se trata exactamente o WISE 0855-0714? Muitos detalhes são desconhecidos para nós. Há também apenas estimativas sobre a sua massa. Diz-se que o WISE 0855-0714 tem uma massa de pelo menos três mas não mais do que dez massas de Júpiter. Para ser considerado uma estrela, o objecto teria de ter uma massa de pelo menos treze massas de Júpiter. Esta massa é necessária para iniciar a fusão do deutério, uma característica importante para a classificação como estrela. Assim, no final, não é claro o que é realmente WISE 0855-0714. As temperaturas que ali devem prevalecer falam mais a favor de um planemo. Com uma temperatura estimada entre menos 13 e menos 43 graus Celsius, seria um pouco fria pelos padrões de uma estrela. Outra descoberta interessante foi obtida por cientistas através de uma investigação utilizando imagens infravermelhas. Estas sugeriram que poderia haver nuvens de vapor de água no WISE 0855-0714. Em última análise, uma definição permanece pouco clara e não há consenso entre os investigadores sobre o que é realmente o WISE 0855-0714.

Cha110913-773444 é considerado um planemo "real". O objecto com uma massa de oito massas de Júpiter foi descoberto em 2005 e é claramente demasiado leve para uma anã castanha. Este planemo não está ligado a uma estrela e encontra-se no meio de um disco de gás e poeira. Os satélites podem formar-se dentro deste disco. No futuro, Cha110913-773444 poderia representar o centro de um pequeno sistema planetário. Objectos comparáveis são raramente encontrados e a sua classificação é geralmente muito incerta devido à falta de conhecimento sobre as suas massas. Uma vez que eles próprios não emitem luz e não reflectem a luz de uma estrela próxima, só podemos especular sobre a frequência de planetas solitários no nosso universo. No entanto, assume-se geralmente que são muito comuns. O número destes objectos é estimado em cerca de 500 mil milhões, e isto só dentro da Via Láctea. Isto significa que nesta galáxia os planetas são cerca de duas vezes mais comuns que as estrelas "normais". Agora só à ciência cabe descobri-los.

- Capítulo 10 -

METEOROS, COMETAS, ASTEROIDES

Há termos da astronomia que nós, humanos, tendemos a confundir repetidamente. Quando falamos de meteoróides, meteoritos, cometas e asteróides, coloquialmente queremos sempre dizer a mesma coisa: Um pedaço de rocha que se desloca sem rumo através do universo para atingir um planeta em algum momento, que esperamos que não seja a Terra.

Um meteoroide é provavelmente o representante mais comum nesta lista - mesmo que não estejamos conscientes disso. Os meteoróides são asteróides muito pequenos e consistem em fragmentos de rocha de alguns milímetros. Todos os conhecemos: quando um meteoróide entra na atmosfera da Terra, arde e torna-se uma estrela cadente. No entanto, "meteoro" refere-se exclusivamente ao fenómeno da luz enquanto tal, pelo qual os meteoróides são responsáveis. Os meteoróides particularmente brilhantes são chamados de bolas de fogo. E depois há o meteorito: Isto refere-se a um meteorito que não se queima completamente dentro da atmosfera terrestre e, consequentemente, atinge a superfície da Terra. A massa destes caroços pode variar consideravelmente. Há meteoritos que pesam muitas toneladas. A maioria destes meteoritos não provém do longínquo alcance do universo, mas têm o seu lugar de origem dentro do nosso sistema solar. A ciência faz a distinção entre meteoritos diferenciados e indiferenciados. Esta distinção pode ser feita com base nos elementos que compõem um objecto deste tipo. Os meteoritos diferenciados eram geralmente partes de asteróides e contêm, por exemplo, ferro e níquel. Estes meteoritos são bastante raros. A parte significativa dos meteoritos que já poderia ser examinada são meteoritos indiferenciados e são também chamados meteoritos de rocha. Consistem em elementos que foram formados por fusão nuclear. Uma vez que estes elementos são muito antigos, fornecem pistas excitantes sobre a formação do nosso sistema solar.

A maioria dos meteoróides são detritos de asteroides. São formados por colisões entre dois asteróides. Os meteoróides foram literalmente eliminados dos asteróides e deixaram o seu local de origem, que é normalmente o cinturão de asteróides entre Marte e Júpiter. Foi também demonstrado que os meteoróides podem ser feitos de rocha lunar ou rocha marciana. Isto é possível quando um grande asteróide atinge a sua superfície, arrancando assim a rocha.

Em média, 6,6 meteoritos aterram na Terra todos os anos. Na realidade, no entanto, o número é muito mais elevado.

Porque se não observarmos a queda, não notamos de todo o impacto, por exemplo, quando o meteorito cai num oceano. Basicamente, nem sempre há um "rugido" quando um meteorito cai. Nem mesmo quando a rocha atinge uma superfície terrestre. Nem sempre há um brilho e o impacto é também largamente silencioso. Assim, a detecção de um meteorito "fresco" está sempre associada a uma certa dose de sorte.

Mas excepções provam a regra: quando o meteorito de ferro "Sikhote-Alin" entrou na atmosfera sobre a Sibéria Oriental numa manhã de Fevereiro de 1947, a sua massa estimada era de até 200 toneladas. O meteorito lançou-se em direcção à terra a 50.000 km/h e transformou-se numa gigantesca bola de fogo dentro da atmosfera, o que muitas pessoas observaram. O local do impacto com um diâmetro de 30 metros foi descoberto a partir do ar. O meteorito explodiu literalmente em estilhaços com arestas afiadas após o impacto. Isto deve-se em parte à tremenda velocidade de impacto, e em parte ao solo sólido e congelado da Sibéria. Os seus componentes, 93 por cento de ferro, espalhados por uma área de quatro por doze quilómetros. Não se registaram danos significativos nas infra-estruturas na região escassamente povoada. Mas: se "Sikhote-Alin" tivesse atingido uma cidade, a destruição teria sido enorme. Felizmente, não foi este o caso. No entanto, os vestígios ainda hoje são visíveis. Fragmentos continuam a ser encontrados. Foi encontrado um total de

30 toneladas de ferro constituído por 8.000 fragmentos individuais. O maior fragmento pesa quase duas toneladas. Uma vez que o "Sikhote-Alin" consistia em grande parte em ferro (bem como níquel a 5,9%), quase de certeza que provinha da cintura de asteróides. Esta teoria foi apoiada por relatórios de testemunhas oculares, a partir dos quais a trajectória do meteorito pôde ser calculada.

Já ouvimos falar de asteróides várias vezes. Mas qual é exactamente a diferença entre meteoroides e asteróides? Basicamente, os asteróides estão numa órbita fixa à volta do nosso sol, por isso comportam-se como os planetas. É por isso que também são chamados planetóides ou planetas menores e têm cerca de 0,01- vezes a 0,1 vezes a massa da Terra. Eles são feitos de rocha e metal, mas são maiores do que aquilo que podemos observar como estrelas cadentes na Terra. Algumas têm um diâmetro de até 100 quilómetros - mas estas proporções são a excepção.

Os asteróides são numerosos e conhecemos cerca de um milhão destes bocados no espaço. No entanto, o número de casos não relatados será grande. Alguns investigadores suspeitam que existem quase 10 milhões de asteróides na cintura de asteróides entre Marte e Júpiter - o local de origem de todos os asteróides no sistema solar. Este chamado cinturão principal pode ser observado bastante bem com um telescópio ou - dependendo das condições meteorológicas - já com binóculos. Durante muitos anos, pensava-se que este cinturão era o remanescente de um planeta destruído que outrora orbitava o Sol exactamente entre Júpiter e Marte. No entanto, este não é o caso. Pelo contrário, os asteróides aí existentes consistem num material básico a partir do qual também se formam os planetas. São originários de uma época em que o sistema solar se estava a formar. Este material não consiste em "pedaços de rocha" mas assemelha-se a uma pilha de escombros. Nem todas estas acumulações de rocha e metal provêm da cintura principal. Também foram encontrados asteróides que têm origem na cintura de Kuiper. Este cinto está fora da órbita de Neptuno; é por isso que chamamos a tais asteróides objectos transneptunianos. Se eles forem retirados da sua órbita, a grande massa de Júpiter vem em nosso auxílio. Muitos desses asteróides são atraídos pela gravidade do gigante do gás e são assim interceptados. Até agora, apenas um asteróide foi descoberto que não vem do nosso sistema solar. 1L/`Oumuamua passou pelo nosso sistema solar em Outubro de 2017. Não se sabe de onde veio; após uma deflexão da sua órbita, ocorreu uma "correcção de rumo" na direcção da constelação Pegasus. 1L/`Oumuamua deixará assim o nosso sistema solar novamente sem danos.

Um asteróide, não importa de onde venha, representa sempre um perigo potencial para a Terra e, portanto, também para nós. Isto porque os asteróides por vezes atravessam as órbitas dos planetas interiores e, portanto, também da Terra. Dependendo do tamanho do objecto, um impacto pode ter consequências catastróficas para a Terra. Os grandes asteróides podem tornar-se "assassinos globais" que já desempenharam um papel importante na história da Terra. Um tal impacto pode desencadear uma extinção em massa. A história da Terra mostra que isto já aconteceu. Há 66 milhões de anos, diz-se que um asteróide de 10 a 15 quilómetros de tamanho atingiu a Península de Yucatan no que é hoje o México. Isto resultou na cratera de Chicxuclub com um diâmetro de cerca de 180 quilómetros e selou o destino dos dinossauros. Em resumo, o impacto provocou terramotos, tsunamis, conflagrações e uma enorme vaga de frio - em todo o mundo. Uma parte significativa da flora e da fauna não sobreviveu a estes efeitos.

Ainda hoje, as consequências de um tal impacto seriam catastróficas. Mas uma vez que os processos temporais no universo são muito lentos pelos nossos padrões, a probabilidade de testemunharmos o impacto de um tal "assassino" na Terra é muito baixa. Em 2095, é muito provável que esta possibilidade se torne realidade. O asteróide 2010 RF12 chegará então muito perto de nós e a probabilidade de um impacto é estimada em 6,25 por cento. Isto é comparativamente elevado.

No entanto, o asteróide tem um diâmetro de apenas oito metros e, no caso de uma abordagem forte, uma grande parte dele irá arder na atmosfera. A situação é diferente com (29075) 1950 DA2 com um diâmetro de dois quilómetros. Devido à sua massa, existe definitivamente um perigo para a Terra; a probabilidade de um impacto é de 0,33 por cento. Isto ainda é relativamente elevado, mas ainda não há motivo para grande preocupação. O asteróide (29075) 1950 DA2 não se aproximará da Terra durante cerca de 860 anos.

O objecto que causou a cratera de Chicxuclub não era necessariamente um asteróide. Há também a possibilidade de ter sido um cometa. Tal como os asteróides, os cometas são feitos de detritos. São normalmente um pouco mais pequenos e a composição é diferente. Os cometas são efectivamente aglomerados de gelo. Formam-se para além da órbita de Neptuno e têm a sua casa na cintura de Kuiper ou nas nuvens de Oort, cuja existência, no entanto, ainda não foi provada. É aí suficientemente frio para a água, metano, amoníaco, hidrocarbonetos e outros compostos congelarem no gelo. Quando estes objectos se aproximam dos planetas interiores, ficam sob a influência do vento solar. O gelo derrete e este processo forma a característica cauda do cometa. No processo, o cometa perde massa, praticamente dissolve-se. A perda de material é enorme. Um cometa pode perder até 50 toneladas da sua substância por segundo. Este processo é, por vezes, visível a olho nu. Conseguimos ver o processo de desintegração do cometa Halse-Bopp em 1997 bem a partir da Terra.

O facto de os cometas também poderem ser perigosos para o nosso planeta deve-se ao seu núcleo, que consiste em gelo compacto e detritos que não se dissolvem devido a efeitos gravitacionais e, portanto, permanecem. Um exemplo disto é o Cometa Halley, que passa pela Terra com uma certa regularidade. A sua impressionante cauda é conhecida do homem desde os tempos antigos e passa a Terra em média cerca de 75 em 75 anos.

Uma enorme diferença entre cometas e asteróides é a sua frequência, embora nem sempre sejam claramente distinguíveis quando observados à distância. Existe assim uma extensa área cinzenta no que diz respeito às possibilidades de definição. Embora se assuma que deve haver milhares de milhões de cometas, sabemos de muito mais asteróides. A NASA forneceu uma visão geral em 2014, altura em que eram conhecidos 10.713 objectos próximos da Terra, dos quais 10.619 eram asteróides e apenas 94 eram cometas. Em média, são descobertos dez novos cometas por ano.

- Capítulo 11 -

BURACOS NEGROS

Os buracos negros são provavelmente um dos maiores mistérios do nosso universo. Antes de nos debruçarmos sobre as suas propriedades, esclareçamos primeiro o que não é um buraco negro. Em algumas representações triviais, tal objecto é representado como uma espécie de redemoinho na água que engole tudo o que se aproxima dele. Não é este o caso, não é de facto um "buraco no universo" mas - como acabou de ser mencionado - um objecto. Tem uma massa e um volume. O que há de especial num buraco negro, porém, é a sua distribuição. Uma massa extremamente elevada é distribuída sobre um volume extremamente pequeno, o que tem um impacto considerável no espaço. E, mais do que isso, tem um grande impacto no tempo. Devido a esta massa compacta, um buraco negro tem uma enorme força gravitacional que nem a luz consegue escapar e nem passar nem sair. É por isso que o "buraco" é também "negro", ou seja, escuro. No entanto, os buracos negros não nos são particularmente familiares. Eles colocam muitos enigmas, pois a explicação de quais teorias prevalecem no máximo. Esta é também a razão pela qual os buracos negros exercem um fascínio tão grande sobre nós.

Mas vamos dar um passo de cada vez: Já vimos como se pode formar um buraco negro (entre outras coisas) no capítulo sobre o desaparecimento das estrelas. Quando uma estrela maciça queimou todos os seus elementos, ocorre uma supernova. As conchas exteriores são ejecturadas explosivamente, enquanto a concha interior cai e forma um corpo compacto. Para comparação: se o nosso sol desabasse como resultado de uma supernova, o corpo resultante (ou seja, o buraco negro) seria apenas um 230.000º do tamanho da sua forma actual e teria um diâmetro de apenas seis quilómetros.

O horizonte do evento, que forma uma espécie de limite do buraco negro, tem um significado especial. Nada pode penetrar neste limite e o espaço-tempo é curvado de forma extrema. Se o astronauta A atravessasse esta fronteira com uma nave espacial, ele não notaria nada. Para outro astronauta B, que observaria esta travessia a alguma distância do horizonte do evento, esta travessia levaria o infinito. Assim, o astronauta B poderia realmente ter a impressão de que o astronauta A estava a ser "engolido". Ele desapareceria lentamente. Por conseguinte, o termo "buraco" não é errado num sentido alegórico. Os astrónomos, contudo, falam de uma singularidade de espaço-tempo.

Os buracos negros rotativos, que estão em movimento de giro próprio, têm uma influência adicional no espaço-tempo. Isto significa que não só o buraco negro é rodado, mas também o espaço-tempo à sua volta. É virtualmente varrido juntamente com ele. Isto não se aplica a todos os buracos negros; também estamos familiarizados com os buracos negros não rotativos. Estes são esféricos e são delimitados pelo horizonte do evento como se fosse por uma concha.

De acordo com a tese inicial, nada pode passar ou deixar um buraco negro. Mas existem outras opiniões. Uma delas vem de ninguém menos que Stephen Hawking. Hawking formulou a ideia de que os buracos negros emitem radiação. Esta contradição real só é explicada teoricamente. As partículas ou antipartículas devem ser criadas na área de acção do buraco negro, conceitos da teoria quântica. Uma partícula é suposta cair de novo no buraco negro, a outra escapa para o espaço. De acordo com Hawking, a energia responsável por estes processos deve vir do potencial gravitacional do buraco negro. Assim, a energia é libertada e, consequentemente, a massa. O resultado seria que o buraco negro desapareceria gradualmente. No entanto, este processo deveria ter lugar de forma extraordinariamente lenta. E: É uma teoria pura. Esta chamada radiação Hawking ainda não foi provada.

A ciência sempre tentou dividir os buracos negros em categorias. Uma categoria particularmente popular é a dos "buracos negros supermassivos". Eles estão localizados no centro de uma galáxia em espiral, o chamado "bulge", de que já ouvimos falar. No entanto, ainda não é possível descrever exactamente como foram formados. O que é certo é que, de acordo com a sua designação, eles têm uma enorme massa de vários milhares de milhões de massas solares. Também são conhecidos os "buracos negros de gravidade média" que não estão localizados no centro da galáxia. Podem ter sido formados pela fusão de duas estrelas. Isto leva a supor que este tipo de buraco negro é frequentemente encontrado em aglomerados de galáxias. Os buracos negros que já foram formados durante o Big Bang são chamados "buracos negros primordiais". Também aqui, foi Stephen Hawking quem avançou significativamente na investigação. Diz-se assim que estas singularidades foram criadas nos primórdios imediatos do universo. Isto só era possível onde houvesse massa e energia suficientes. Estes objectos não deveriam ser particularmente grandes, pelo contrário. Diz-se que são microscópicos em tamanho e, portanto, praticamente indetectáveis. A sua existência é, portanto, puramente hipotética.

Em geral, é muito difícil observar um buraco negro porque não emite nem luz nem radiação mensurável. Assim, a observação só é possível indirectamente. Pode ser detectada através da interacção com a matéria, o que - para simplificar - resulta em radiação electromagnética mensurável. Estrelas que se encontram dentro do alcance de um buraco negro também libertam radiação de raios X.

Conseguimos ganhar algum conhecimento sobre o buraco negro no centro da nossa galáxia - a Via Láctea. Foi chamada Sagitário A e emite ondas de rádio. O "nosso" buraco negro tem uma massa de cerca de 4,3 milhões de massas solares e está localizado a uma distância de quase 27.000 anos-luz da Terra.

- Capítulo 12 -

A VIDA NO UNIVERSO

Dificilmente há uma questão que diga mais respeito à humanidade do que se estamos sozinhos no universo. Existem outras formas de vida lá fora no espaço? E, em caso afirmativo, serão elas sequer inteligentes? Estas perguntas não resolvidas descrevem provavelmente um dos maiores mistérios do universo. Não é sem razão que a ideia de que poderia haver extraterrestres (inteligentes) tem um grande apelo na arte e na cultura. Todos conhecem os filmes de ficção científica em cujas histórias os extraterrestres nos visitam. Normalmente, isto acaba em desastre. Pois os extraterrestres retratados não só são vastamente superiores a nós em termos de tecnologia, como também completamente hostis. Uma invasão é o resultado, que a humanidade normalmente consegue evitar com algum esforço. Mas outras representações também são possíveis. Algumas histórias fictícias também descrevem uma coexistência pacífica e uma troca de conhecimentos. Não importa como é retratada: Que um tal cenário ocorra realmente é muito improvável. Pois a questão de outras formas de vida no universo é uma questão para a qual ainda não sabemos a resposta. É certo, porém, que os planetas vizinhos imediatos não albergam vida inteligente. Já no século XIX, Marte foi tema de um rico debate nos círculos científicos. Que ali deveriam existir formas de vida altamente desenvolvidas e bastante semelhantes às dos seres humanos era uma teoria séria.

Mas: A invasão de Marte provavelmente não irá acontecer. No entanto, já aprendemos que existe definitivamente a possibilidade da vida mais simples sobre os objectos do nosso sistema solar. Titã, em particular, é um candidato quente para isto. Mas a ciência ainda nos deve uma prova.

O argumento para a existência de vida fora do nosso sistema solar é a dimensão inconcebivelmente grande do universo. Existem milhares de milhões de galáxias com milhares de milhões e milhares de milhões de sistemas planetários - porque não haveria de haver processos semelhantes à evolução na nossa Terra? Portanto, parece bastante lógico que pelo menos organismos microscópicos possam existir noutros planetas (exo-). Se olharmos para as condições dos planetas no nosso sistema solar, já poderíamos encontrar algo lá. Afinal, organismos minúsculos também foram avistados na Terra em ambientes que são realmente hostis à vida, por exemplo em lagos altamente salinos ou no mar profundo mais escuro, onde há pouca luz e condições de alta pressão.

Mas como é que se parece realmente no fundo do espaço quando se trata de vida inteligente? A fim de determinar a probabilidade de haver, e quantas civilizações extraterrestres altamente desenvolvidas, o astrofísico americano Frank Drake criou a fórmula Drake com o seu nome no início dos anos 60. É suposto descrever quantas civilizações existem que são capazes de comunicação interestelar e querem fazê-lo em primeiro lugar. Drake recorreu a uma variedade de outros factores: o número de todas as galáxias, a frequência de exoplanetas dentro da zona habitável de uma estrela, etc. A equação é bastante controversa, porque muitos factores são desconhecidos. O resultado - especialmente de observações recentes - é bastante sóbrio. A probabilidade de encontrar uma tal civilização é considerada bastante baixa. A janela temporal no contexto de um universo antigo é particularmente problemática. Só porque o universo existe há milhares de milhões de anos, não significa que uma civilização existirá por qualquer período de tempo apreciável para coexistir com a humanidade. Em suma, se a equação Drake for aplicada de forma ajustada, a hipótese de um planeta desenvolver uma civilização tecnologicamente proficiente é de um num quadrilião. Isto é um 1 com 24 zeros - por isso a hipótese é extraordinariamente pequena. No entanto, o resultado diz-nos outra coisa: A probabilidade não é zero. Consequentemente, deveria haver outras espécies evoluídas no universo, só que elas seriam extremamente raras. Este resultado é sóbrio, mas, ao mesmo tempo, dispara a imaginação. Pois diz nada menos do que que que os humanos não teriam de estar sozinhos. É claro que não sabemos onde estão os alienígenas. Não há obviamente qualquer dúvida de que - medido pelo estado actual da tecnologia - haverá uma distância intransponível entre nós e eles. Há projecções ousadas ou mesmo estimativas sobre isto. Vão de 36 a 10.000 civilizações inteligentes. No entanto, uma vez que a palavra "provavelmente" desempenha um papel importante neste cálculo, há sempre a possibilidade de não haver qualquer outra espécie altamente desenvolvida.

Mas voltemos à equação de Frank Drake. Como já foi mencionado, é pura matemática com muitas incógnitas. Isto levanta novas questões. Uma delas é o paradoxo de Fermi, que remonta ao pensamento do físico Enrico Fermi, de Itália. A versão curta é: se há vida inteligente na nossa Via Láctea que é tecnicamente sofisticada - por que não colonizou já metade da galáxia? É claro que esta conjectura expõe os alienígenas a um traço totalmente humano: O desejo de expansão. Segundo Fermi, uma tal espécie extraterrestre - dada a possibilidade técnica - colonizaria toda a Via Láctea. Isto seria possível dentro de "alguns" milhões de anos. Tal espécie seria extraordinariamente bem sucedida pelos padrões de evolução tal como a conhecemos. Tão bem sucedido, de facto, que teríamos de os cumprir. A questão-chave é: Porque é que ainda não estão (estiveram) aqui? Claro que há uma multiplicidade de outras razões pelas quais estes extraterrestres extremamente competentes ainda não visitaram a Terra. Um contra-argumento comum é a distância, que, apesar de todas as realizações técnicas, torna impossível uma viagem para a Terra distante e também dificulta a comunicação. Outra linha de pensamento é que esta civilização Fermi existiu em tempos e depois falhou. Esta ideia está novamente relacionada com a janela temporal em que uma civilização pode sobreviver. Pois a extinção também é concebível. As razões para isto podem ser uma grande catástrofe cósmica, mas a extinção por sua própria vontade também é considerada. Outras ideias são de natureza mais pragmática: o simples desinteresse poderia também desempenhar um papel. De acordo com esta tese, os alienígenas não teriam qualquer desejo de estabelecer contacto connosco.

O contacto com formas de vida inteligentes e extraterrestres é um fascínio para a humanidade. A ideia de conhecer outra espécie cativa-nos. Consequentemente, o esforço para estabelecer contacto é bastante grande. Um programa bem conhecido de pesquisa de vida extraterrestre é o projecto SETI, abreviatura para "Search for extraterrestrial Intelligence". Uma das principais tarefas dos investigadores é procurar na Via Láctea ondas de rádio que tenham sido criadas artificialmente e, portanto, só podem vir de uma inteligência extraterrestre. As ondas de rádio propriamente ditas já poderiam ser recebidas do espaço profundo. Mas isto sempre teve razões naturais, porque vários objectos naturais do universo emitem ondas de rádio. A fim de limitar um pouco a área de pesquisa, os investigadores da SETI procuram especificamente sistemas estelares que, de acordo com a nossa concepção e o nosso estado de conhecimento, podem tornar possíveis formas de vida (inteligentes). Um tal sistema orientado deveria oferecer uma certa probabilidade de presença de carbono e água. Deve também ter um planeta rochoso dentro da zona habitável.

A propósito, as ondas de rádio viajam à velocidade da luz e isto traz vantagens mas também problemas. Se uma mensagem de saudação é enviada para o espaço através de ondas de rádio, levaria 60 anos para chegar a um planeta a 60 anos-luz de distância. Uma resposta imediata também levaria 60 anos a chegar até nós novamente. Esta tecnologia não oferece, portanto, a possibilidade de comunicação em tempo real e um diálogo teria lugar ao longo de gerações devido ao limite de tempo de uma vida humana. Mas não é apenas SETI que se transmite para o espaço. Isto acontece praticamente a toda a hora. As estações de televisão, estações de rádio e sistemas de radar estão constantemente a enviar as suas informações para o espaço. Se um alienígena num planeta a 50 anos-luz de distância possuísse uma rádio, estaria a ouvir a música dos anos setenta neste preciso momento. A ideia é, naturalmente, entusiasmante, mas levanta uma questão séria: as ondas de rádio são mesmo os meios adequados para a comunicação interestelar? Afinal de contas, não só precisamos de ter a capacidade de transmitir, como os alienígenas também precisam da tecnologia necessária para receber ondas de rádio.

Para além desta solução, foram feitas outras tentativas para estabelecer contacto com extraterrestres. Um exemplo de destaque são as sondas Pioneer lançadas da Terra em 1972. Elas transportam placas gravadas que informam sobre as características básicas da humanidade, tais como a nossa anatomia. As placas mostram uma mulher sem roupa e um homem, este último levantando a sua mão direita numa saudação pacífica. Além disso, há uma representação do sistema solar incluindo a localização da Terra, bem como uma ilustração do átomo de hidrogénio. Em geral, a ideia por detrás da placa tem sido bem recebida pelo público. Um ponto de crítica, contudo, é a legibilidade: mesmo alguns cientistas não conseguiram interpretar correctamente os esboços. Assim, a questão permanece em aberto se uma forma de vida extraterrestre seria mesmo capaz de compreender a mensagem. Os "Registos de Ouro" da Voyager 1 e 2 foram acrescentados à missão espacial em 1977. Para além de ficheiros de imagem, contém também ficheiros áudio. Num disco de dados (dourado), as saudações são pagas em 55 línguas e contém também música, por exemplo a de Beethoven e Chuck Berry, para além de uma saudação do então Presidente dos EUA Jimmy Carter.

Mas e se, devido às muitas tentativas de contacto, os extraterrestres viessem de repente visitar-nos? O facto de estes extraterrestres - como nos filmes - poderem não vir com intenções pacíficas está a ser seriamente discutido. Não menos importante, Stephen Hawking alertou contra novos esforços para estabelecer contacto. Potencialmente, os alienígenas poderiam ver a Terra como uma mera fonte de recursos. Uma hipótese descreve que os alienígenas não têm de ser maus ou hostis por definição, mas que nós humanos somos cordialmente indiferentes a eles. Especula-se ainda que os alienígenas infligem danos sensíveis aquando da sua mera chegada com naves espaciais tecnologicamente avançadas. Há também especulações de que pode ocorrer contaminação com microrganismos alienígenas, o que perturbaria gravemente a biosfera da Terra.

- Capítulo 13 -

PÓS-PALAVRA

Para concluir a nossa viagem através do universo, voltamos à nossa frase inicial, que descreve as primeiras frases de uma série de ficção científica popular: "Espaço". Vastidão infinita...". E mudou alguma coisa nesta afirmação após a nossa excursão ao espaço? Nem por isso. Mas é certo que sim: O conceito de "infinito" não é assim tão errado. Não só porque a "finitude" do universo, só por si, é esmagadora. Também porque o universo continua a expandir-se. Uma coisa é certamente certa: os segredos que o universo esconde de nós são imensamente diversos. A ciência está a trabalhar a todo o vapor para desvendar os mistérios. E com sucesso. Se olharmos para o estado do conhecimento ainda nem há 50 anos atrás, o salto tem sido enorme. Nessa altura, os exoplanetas, por exemplo, não eram mais do que uma mera hipótese. Hoje, por outro lado, eles são conhecidos mil vezes. Ou: Enquanto os nossos antepassados especulavam no caso de Marte que os "marcianos" deviam viver ali, hoje sabemos da composição exacta de um grão de pó marciano. A razão destas descobertas é o impulso natural da humanidade para explorar e a curiosidade. E, a dada altura, cada teoria ou se torna uma realização - ou um fracasso.

Mas também funciona ao contrário: a humanidade tem a capacidade de reconhecer coisas que não são visíveis como tal. Isto aplica-se a um buraco negro ou mesmo a matéria escura. As condições gerais não permitem outra conclusão senão a de que simplesmente têm de lá estar. Caso contrário, o universo não faria sentido. Mas por falar em sentido: se uma fórmula não estiver bem ajustada, ela é ajustada. Este é outro aspecto da investigação espacial. Muitas vezes, os cálculos só fazem sentido até um certo ponto. É assim que a investigação se move de um puzzle para o outro: porque então algo mais - sejam partículas, radiação ou o que quer que seja - tem de estar presente para que uma teoria permaneça lógica. Esta é provavelmente também a razão pela qual os astrónomos e os físicos nunca ficarão sem coisas de que falar.

Se olharmos para os capítulos anteriores, vemos que basicamente sabemos relativamente muito sobre o universo. Não só este conhecimento está a aumentar, como a tecnologia está também a melhorar rapidamente. Portanto, não é apenas a exploração pura que se está a tornar mais interessante, mas também a exploração real. Afinal de contas, é o sonho de muitas pessoas visitar outros planetas. Infelizmente, isto não é muito realista neste momento. A nossa tecnologia de propulsão não é quase suficientemente sofisticada para percorrer distâncias maiores dentro do espaço. O tempo não está exactamente do nosso lado. Viajar para mundos distantes levaria mais do que uma vida humana, porque as distâncias são gigantescas. Isto leva a outra realização: o universo é feito para a eternidade - e nós não somos. Se acreditarmos na teoria, a hipótese de um dia nos ser permitido olhar para o espaço era apenas uma num quadrilião. Porque esse é exactamente o número que a probabilidade matemática pressupõe que existiremos de todo. "Nós" significa simplesmente uma civilização no espaço.

Felizmente, não existe apenas a "vastidão infinita", mas também a vizinhança planetária. Nos planetas do nosso sistema solar há também muitos mais segredos que querem ser desvendados. E eles estão mesmo à nossa porta. A nossa tecnologia é suficiente para uma viagem a Marte, por exemplo, e uma missão tripulada a Marte tem sido discutida há décadas. Assim, na infinidade do espaço, estamos a criar um certo pedaço de finitude. Exactamente quando isto irá acontecer, ainda não é certo. Mas uma coisa é certa: não vai demorar mais 13,8 mil milhões de anos.

Recomendações de livros

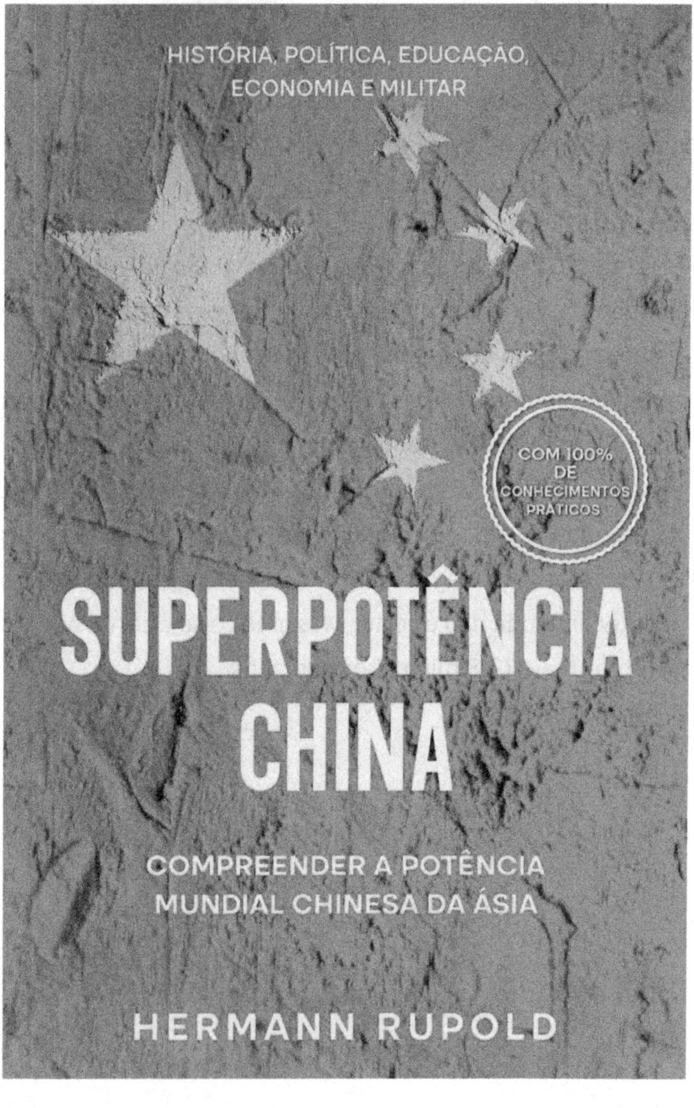

Superpotência China – Compreender a potência mundial chinesa da Ásia

Os desenvolvimentos na China tornaram-se um tema omnipresente nos meios de comunicação e na sociedade nos últimos anos.

Mas qual é a verdade por detrás dos muitos cenários futuros de uma superpotência que opera nas sombras? O que faz com que o país mais populoso da Terra se torne um tiquetaque? Quais são os seus objectivos e o que pensa a população local? O que caracteriza o desenvolvimento do país e quais são os seus pontos fortes e fracos?

Obtenha a sua própria imagem desta potência mundial emergente, compreendendo os factos e os números por detrás do poder económico em expansão. Para obter uma imagem abrangente do actual campeão mundial de exportação, é necessário um olhar mais profundo sobre a sua história, política, sistema educativo, economia e exército.

Neste livro, terá uma visão geral de todos estes aspectos que constituem a China de hoje. Só olhando para todas estas sub-áreas como um todo é possível compreender o país da China e os seus objectivos.

SOBREVIVÊNCIA NA NATUREZA
O GUIA DE SOBREVIVÊNCIA
UM GUIA PARA PRINCIPIANTES, PARA TREKKING, BUSHCRAFT OU PARA O FIM DO MUNDO
COM 100% DE CONHECIMENTOS PRÁTICOS
EXPERTEN GRUPPE VERLAG
FRIEDHELM WEISS

Sobrevivência na Natureza - O Guia de Sobrevivência – Um guia para principiantes, para trekking, bushcraft ou para o fim do mundo

Fora da confortável vida quotidiana da nossa civilização e para a pura luta pela sobrevivência ao ar livre. Apenas aventura Bushcraft ou último recurso em caso de desastre: deixada completamente à sua própria sorte, a sobrevivência da maioria das pessoas é gravemente ameaçada porque não estão preparadas e carecem dos conhecimentos necessários.

O que é preciso para sobreviver no deserto? O que é necessário para embalar na sua mochila de fuga? De que equipamento necessita? Como se consegue água, comida, abrigo e como se acende uma fogueira?

Este guia ensinar-lhe-á os princípios básicos de sobrevivência. Ser-lhe-á dado um guia para sobreviver na natureza durante um período de tempo mais longo, mesmo sem as conquistas da civilização. Só se estiver devidamente preparado é que terá uma oportunidade de desafiar estas condições adversas e passar este tempo incólume.

Adquira este livro hoje e aprenda...

- ... como se preparar para o pior,
- ... o que é preciso para sobreviver no deserto...
- ... e o que fazer se o pior acontecer.

CONSTANTIN SCHÄFER
FINTECHS
-UMA ANÁLISE 360°:
PORQUE É QUE A FINTECH PODE SER O FIM DOS BANCOS
Modelos comerciais digitais disruptivos de robo-advisores, crowdfunding, crowdlending, remessas digitais, wealthtech, traveltech, bitcoin, etc.
Com 100% de conhecimentos práticos
EXPERTEN GRUPPE VERLAG

Fintechs - uma análise 360°: Porque é que a Fintech pode ser o fim dos bancos – Modelos comerciais digitais disruptivos de robo-advisores, crowdfunding, crowdlending, remessas digitais, wealthtech, traveltech, bitcoin, etc.

Os desenvolvimentos da Fintech tornaram-se um tema omnipresente nos meios de comunicação e na sociedade nos últimos anos.

Mas qual é a verdade por detrás de todos os elogios e modelos de negócio perturbadores? Serão as fintechs tão novas e bem sucedidas como sempre se diz ser? Qual é a situação dos bancos tradicionais nesta corrida? E como vai ser o mundo financeiro de amanhã?

Obtenha a sua própria imagem da transformação digital no mundo financeiro! Tudo o que precisa é de um olhar mais profundo sobre a história da tecnologia financeira, os modelos de negócio actuais, as perspectivas futuras e o papel dos bancos estabelecidos.

Neste livro terá uma visão geral de todos estes aspectos que compõem a banca de amanhã. Só olhando para todas estas sub-áreas como um todo é possível compreender o desenvolvimento da fintech e as suas oportunidades e riscos.

Gostou do meu livro?

Leram o meu livro e esperançosamente agora compreendem melhor o que é o universo, como funciona e que coisas excitantes há para a humanidade descobrir. E é exactamente por isso que vos peço agora um pequeno favor. As críticas são uma parte importante de cada produto oferecido na Amazon. É uma das primeiras coisas que os clientes olham, e não é raro que as críticas sejam o factor decisivo na compra ou não de um produto. Este factor está a tornar-se cada vez mais importante, especialmente com a selecção infinitamente grande da Amazon.

Se gostou do meu livro, ficaria mais do que grato se me deixasse uma crítica. Basta escrever brevemente o que gostou particularmente ou como poderia talvez tornar o livro ainda melhor. Não vai demorar mais do que 2 minutos, prometo! Pode ter a certeza de que leio pessoalmente cada crítica, porque me ajuda muito a tornar os meus livros ainda melhores e a adaptá-los exactamente aos seus desejos.

Por conseguinte, digo-vos:

MUITO OBRIGADO!

O seu Aaron Schmidt

REFERÊNCIAS

https://cordis.europa.eu/article/id/27646-brightest-supernova-ever-observed/de

Space Environment. Isidoro Martínez, abgerufen am 23. Mai 2016

https://www.focus.de/wissen/weltraum/astronomie/tid-33452/historischer-tag-fuer-astronomen-voyager-1-hat-die-heliosphaere-definitiv-verlassen_aid_1097596.html

Planck's new cosmic recipe, ESA, Planck

https://www.weltderphysik.de/gebiet/universum/news/2017/wie-der-mars-seine-atmosphaere-verlor/

https://docs.google.com/document/d/1bwIPT9C6EhHkYM5667kbPtZeLoE61fZLjfc1XiazODQ/edit?hl=en&authkey=CJTO5v4E&pli=1

Pressemitteilung Wissenschaft 2013-09: Wo die Unterschiede zwischen Sternen und Planeten verwischen. Max-Planck-Institut für Astronomie Heidelberg

EO Discovery Statistics

Planck Collaboration: Planck 2015 results. XIII. Cosmological parameters. In: Astronomy & Astrophysics. 2016, arxiv:1502.01589

Wie groß ist unser flaches Universum? Bei: welt.de. 21. Januar 2015

Hubble Reveals Observable Universe Contains 10 Times More Galaxies Than Previously Thought. In: NASA

Das Universum – Ein Ellipsoid? Bei: Astronews.com. 27. September 2006

Pressemitteilung der Max-Planck-Gesellschaft, 1. April 2018

Lexikon der Astrophysik – Andreas Müller

www.nasa.gov

S. K. Kozlowski, M. Konacki, P. Sybilski: Radio Pulsar Style Timing of Eclipsing Binary Stars from the ASAS Catalogue. In: Astrophysics. Solar and Stellar Astrophysics. 2012

A. Einstein: Relativität und Gravitation. Erwiderung auf eine Bemerkung von M. Abraham. In: Annalen der Physik. Band 38, 1912, S. 1059–1064

Christoph Köhn: The Planck Length and the Constancy of the Speed of Light in Five Dimensional Spacetime Parametrized with Two Time Coordinates. In: J. High Energy Phys., Grav and Cosm. Band 3, Nr. 4, 2017, S. 635–650

D. Lehnert u. a.: Spectroscopic confirmation of a galaxy at redshift z = 8.6. In: Nature.com. 467, 2010, S. 940–942

Harry Paul: Photonen: Experimente und ihre Deutung. Akademie-Verlag, Berlin 1985

Ray d'Inverno: Einführung in die Relativitätstheorie. 2. Auflage, Wiley-VCH, Berlin 2009

Dr. S. Sanz Fernández de Córdoba: 100km Altitude Boundary for Astronautics

Steven D. Bass, Gerhard Samulat: Die Suche nach dem fehlenden Spin. In: Spektrum der Wissenschaft. Band 12, 2008, S. 38–45

Albert Einstein: Die Grundlagen der Allgemeinen Relativitätstheorie. In: Annalen der Physik

H. N. Russell: On Majorana's theory of gravitation. In: Astrophysical Journal. Band 54, 1921. S. 334–346

Max Planck: Theorie der Wärmestrahlung

W. de Sitter: On the curvature of space. In: Proc. Kon. Ned. Acad. Wet. Band 20, 1917, S. 229–243

Martin Bojowald: Zurück vor den Urknall; S 113–135.

Roger Penrose: Singularities and Time-Asymmetry. In: Stephen Hawking und Werner Israel (Hrsg.): General Relativity: An Einstein Centenary Survey. Cambridge University Press, 1979, S. 581–638

Edward L. Wright: Big Bang Nucleosynthesis

Schwerkraft-Anomalie im Kristall (Weyl-Halbmetall), auf: scinexx.de, vom 21. Juli 2017

Paolo Benincasa und Eduardo Conde: Exploring the S-matrix of Massless Particles. In: Phys. Rev. D. Band 86, Nr. 2, 2012

Kepler Discovers First Earth-Size Planet In The 'Habitable Zone' of Another Star (englisch) – Nasa, am 17. April 2014

Michele Johnson: NASA's Kepler Mission Discovers Bigger, Older Cousin to Earth. 23. Juli 2015

S. V. Berdyugina, I. G. Usoskin: Active longitudes in sunspot activity. Century scale persistence. A&A, 2003,405, 1121–1128

Hans-Ulrich Keller: Kompendium der Astronomie: Einführung in die Wissenschaft vom Universum. Kosmos, 2019

The Classification of X-ray Solar Flares spaceweather.com,

David R. Williams: Mercury Fact Sheet. In: NASA.gov. 27. September 2018

Ronald Greeley, Raymond Batson: Der NASA-Atlas des Sonnensystems. Knaur, München 2002

Holger Heuseler, Ralf Jaumann, Gerhard Neukum: Zwischen Sonne und Pluto. Die Zukunft der Planetenforschung. BLV, München 2000

Roland Wielen (Hrsg.): Planeten und ihre Monde. Die großen Körper des Sonnensystems. Spektrum Akademischer Verlag, Heidelberg 1997

David McNab, James Younger: Die Planeten. C. Bertelsmann, München 1999

Ernst Hauber: Wasser auf dem Mars. Physik in unserer Zeit 38(1), S. 12–20 (2007)

Donald Rapp: Human missions to Mars – enabling technologies for exploring the red planet. Springer, Berlin 2008

Fran Bagenal, T. Dowling, W. McKinnon (Hrsg.): Jupiter: The Planet, Satellites and Magnetosphere. Cambridge University Press, 2004

Thorsten Dambeck: Saturnmond in Fetzen: Die Saturnringe könnten die Trümmer eines zerborstenen Mondes sein. Bild der Wissenschaft, 9/2006, S. 60–63

Ellis D. Miner et al.: Neptune – the planet, rings and satellites. Springer, London 2002

Evry L. Schatzman, Francoise Praderie: The Stars (Englisch). Springer, 1993

Gregory Laughlin: The End of the Main Sequence. In: The Astrophysical Journal. 482, 1997, S. 420–432

Jean Heidmann: Bioastronomie – Über irdisches Leben und außerirdische Intelligenz. Springer-Verlag, Berlin, Heidelberg, New York 1994

Michael Michaud: Contact with Alien Civilizations – Our Hopes and Fears about Encountering Extraterrestrials. Springer, Berlin 2006

Jamie Shreeve: Wo sind die anderen? In: National Geographic. (deutsche Version), März 2019, S. 42–77

Aleksandar Janjic: Astrobiologie – die Suche nach außerirdischem Leben. Springer Berlin Heidelberg 2019

Sebastian v. Hoerner: Sind wir allein? – SETI und das Leben im All. Beck, München 2003

Walter, Ulrich: Zivilisationen im All – sind wir allein im Universum? Spektrum, Akad. Verl., Heidelberg 1999

Ben R. Oppenheimer, S. R. Kulkarni, John R. Stauffer: Brown Dwarfs. In: Protostars and Planets. Band 4. University of Arizona Press, Tucson 1999, Academic Press, San Diego

Coryn Bailer-Jones, Wolfgang Brandner, Thomas Henning: Braune Zwerge. Entstehung, Scheiben, Doppelsysteme und Atmosphären. In: Sterne und Weltraum. Band 45, Nr. 2, 2006

Norbert Langer: Leben und Sterben der Sterne. C.H. Beck'sche Verlagsbuchhandlung, München 1995

Klaus Werner, Thomas Rauch: Die Wiedergeburt der Roten Riesen. In: Sterne und Weltraum. 46(2), 2007, S. 36–44

Kometen und Asteroiden. (= Sterne und Weltraum. Special Nr. 2003/2). Spektrum der Wissenschaft Verlag, Heidelberg 2003

Thorsten Dambeck: Vagabunden im Sonnensystem. In: Bild der Wissenschaft. März 2008, S. 56–61

Thomas H. Burbine: Asteroids – Astronomical and Geological Bodies. Cambridge University Press, Cambridge 2016

Die letzten Geheimnisse des Universums: Den drängenden Fragen der Menschheit auf der Spur, von Bertram, Erik, 2019

Die Geheimnisse des Universums, von Staguhn, Gerhard, 2011

Geheimnisse unseres Universums. Zeitreisen - Quantenwelten – Weltformeln, von Bublath, Joachim, 1999

Die Spione im Unendlichen: Kepler, Newton, Einstein und die Geheimnisse des Universums, von Pesic, Peter, 2003

Das unbekannte Universum: Raum, Zeit und die moderne Kosmologie, von Clark, Stuart, 2017

Die Vermessung des Universums: wie die Physik von Morgen den letzten Geheimnissen auf der Spur ist, von Randall, Lisa, 2012

Das lebendige Universum: Komplexes Leben auf vielen Planeten?, von Schulze-Makuch, Dirk, 2019

Lebensraum Universum: Einführung in die Exoökologie, von Janjic, Aleksandar, 2017

Vom Universum: Eine Geistesgeschichte der Physik, von Tschirk, Wolfgang, 2020

The Nature of Space and Time, von Hawking, Stephen Penrose, Roger, 2010

IMPRESSÃO

1ª edição

 Editora: GbR, Martin Seidel e Corinna Krupp, Bachstraße 37, 53498 Bad Breisig, e-mail: info@expertengruppeverlag.de, foto de capa: www.depositphoto.com.

Made in the USA
Monee, IL
04 November 2026

67381748R10125